展现App界面设计的完整构想过程

指尖世界
移动App界面设计之道

司晟（leiomiya）/ 编著

人民邮电出版社
北京

图书在版编目（CIP）数据

指尖世界 : 移动App界面设计之道 / 司晟编著. -- 北京 : 人民邮电出版社, 2017.6
ISBN 978-7-115-44977-1

Ⅰ. ①指… Ⅱ. ①司… Ⅲ. ①移动终端－应用程序－程序设计 Ⅳ. ①TN929.53

中国版本图书馆CIP数据核字(2017)第080118号

内 容 提 要

本书主要围绕移动 App 的界面设计进行编写。全书介绍了 App 从一个单纯的想法到成为一个完整的设计的过程及 App 案例解析和优缺点分析等内容。同时，本书还介绍了设计师提升自我修养、进行素质培养的方法，以及工作中大家可能会遇到的各种问题的合理解决方式与方法。

本书适合从事 App 设计、软件界面设计、电子商务相关设计、交互设计、用户体验研究等人士，界面设计相关专业的学生，以及界面设计爱好者阅读、学习和参考。

◆ 编　　著　司　晟（leiomiya）
责任编辑　孙　媛
责任印制　陈　犇
◆ 人民邮电出版社出版发行　北京市丰台区成寿寺路 11 号
邮编　100164　电子邮件　315@ptpress.com.cn
网址　http://www.ptpress.com.cn
北京缤索印刷有限公司印刷
◆ 开本：690×970　1/16
印张：13
字数：350 千字　2017 年 6 月第 1 版
印数：1－2500 册　2017 年 6 月北京第 1 次印刷

定价：69.00 元

读者服务热线：(010)81055410　印装质量热线：(010)81055316
反盗版热线：(010)81055315
广告经营许可证：京东工商广登字 20170147 号

前言

本书书名原为《App手机界面设计之道》，但是大观目前趋势，App已在各种平台上广泛使用，所以这里我们便将本书书名修改为《指尖世界——移动App界面设计之道》，用作者的视角为各位读者带来其个人对现在App设计行业的发展的趋势的分析，并分享给大家其多年积累而成的一些App设计相关经验。

在书中，作者将以“一个App产品从诞生到产出的流程”为提纲顺序，为读者分析App产品设计需要经历的过程和设计内容；在书中，作者将以不同的视角和不同的维度来分析App产品的生产与研发，并说明一个成熟的App产品需要具备的性能与特质；在书中，作者还会介绍一些例如人机交互、用户心理学、用户研究和交互设计等与视觉设计相关的内容和知识。

到最后，大家会发现，其实支撑整个设计的并不是我们心目中单纯的视觉设计那么简单，并且，在这个飞速发展的互联网时代，一个设计师单纯的设计技术与设计经验已经不能满足市场需求了。因此也可以说，一个合格且成功的视觉设计师需要将书中所涉及的这些内容全部容纳并吸收在内。

从这里开始，请大家随作者一起来探寻和挖掘一个视觉设计师需要具备的核心竞争力，并通过学习，希望大家能从中获得一些必要的心得和本领。

最后引用某位设计师的一句话作为总结：虽然这行入门门槛低，但别以为会Photoshop就行，进门以后你会发现，阶梯在门里面。

目标读者：

从事App设计相关工作的人士；从事软件界面设计相关工作的人士；从事电子商务相关工作的人士；

从事平面设计工作且准备转入界面设计工作的人士；从事交互设计、用户体验研究工作的人士；界面设计创业人士；与界面设计相关的学生；界面设计爱好者。

在学习的过程中，如果遇到问题，也欢迎读者与我们交流，我们将竭诚为读者服务。

读者可以通过以下方式来联系我们。

官方网站：www.iread360.com

客服邮箱：press@iread360.com

客服电话：028-69182687、028-69182657

目录

壹

App
DESIGN

了解设计

——纵观App的诞生与发展

- App的诞生
- App的发展
- 项目团队与研发流程

App
DESIGN

近年来，随着移动互联网的普及和智能手机系统的发展，手机的使用越来越普及。随之出现的手机App产品也越来越多。而智能手机通过这些App产品在给用户带来良好体验的同时，也为许多商家带来了新的商机和营销推广方式。因此，不言而喻，智能手机的普及和App时代的兴起与发展给我们的生活带来了更多的便利，也推动了社会经济的变化与发展。

1.1 App的诞生

关于App的诞生，要从2000多年前的西周末年周幽王“烽火戏诸侯”说起。当时周幽王点燃的这个烽火台可以说算是人类有史以来最早的远程通信设备，之后从飞鸽传书到电报，再到电话和移动设备的诞生，通信技术的发展变得越来越迅速，也让我们的生活变得越来越便捷。

1.1.1 从通信设备开始

历史的长河流过几千年。在距离现在百余年前的一个夏天，一位名叫贝尔的发明家在德国制造出了世界上第一台电话，从此便一发不可收拾地拉开了人类现代通信生活的序幕。正是这些无数前人的伟大发明和智慧结晶在历史中的不断沉淀，才成就了我们如今的科技生活。

1946年的冬季，那时的美国陆军部队希望能拥有一个可以准确计算炮弹轨迹的计算机。于是在其附近的美国宾夕法尼亚大学，一个30多吨的大家伙——世界第一台计算机ENIAC就此诞生。毫无疑问，社会的发展给我们带来了越来越多意想不到的科技产品。

随着社会经济的发展，人们似乎并不能满足于有线电话通信所带来的点对点连接的通信生活方式。这时大家希望能够在更多的时候、更多的地点充分享受到人与人之间毫无约束的交流。直到1973年4月的一天，摩托罗拉公司一名叫马丁 · 库伯的技术人员拿着全世界第一部移动电话，在纽约街头与贝尔实验室正在研究移动电话的工作对手进行了通话，方便快捷的移动通信时代便就此诞生了。

20世纪70年代中期，市场上流行一款叫作BP机（又叫寻呼机）的通信设备。当时的人们可以通过寻呼台呼叫个人BP机，以达到相对及时的通信。80年代中期，BP机开始进入中国，并在几年之后如雨后春笋般的普及开来。但对当时的人们来说，这款产品使用起来其实非常不方便，因此它在90年代末期很快就被更为先进的移动电话所取代了。

1.1.2 智能手机与App的诞生

1981年，IBM（国际商业机器公司）推出了世界上第一台个人计算机IBM5150，这也预示着App即将诞生。到了90年代，随着个人计算机的兴起，造就了一批计算机软件产品的诞生与兴起，如Word和Excel等一系列的办公软件，而这些软件也就是App的原型。因此也可以说App就是从计算机上移植到手机上的一款便捷化软件产品。

在那时，早期的电子硬件还无法支撑在移动电话这类小空间设备中运行计算机里所需的软件。因此，当时流行的大哥大之类的手机App也是简单至极，只能进行语音通信，且收讯效果不稳定，保密性不足，同时携带起来也很不方便。

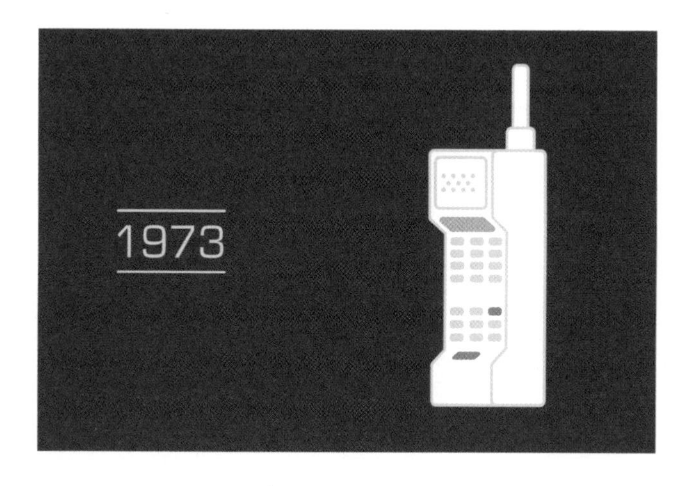

20世纪90年代初，移动电话里只有一些日历和记事簿等最基础并且操作复杂的软件，而且当时的单色屏幕显示效果也无法给人带来很好的视觉享受。因此，此时的手机还只是一个简单的通信工具，也仅仅是满足人们对日常通信的需求而已。如果说当时的通信设备为人们带来的生活变化是“一日千里”，那么后来发展成的手机App产品给人们带来的变化则是翻天覆地的。

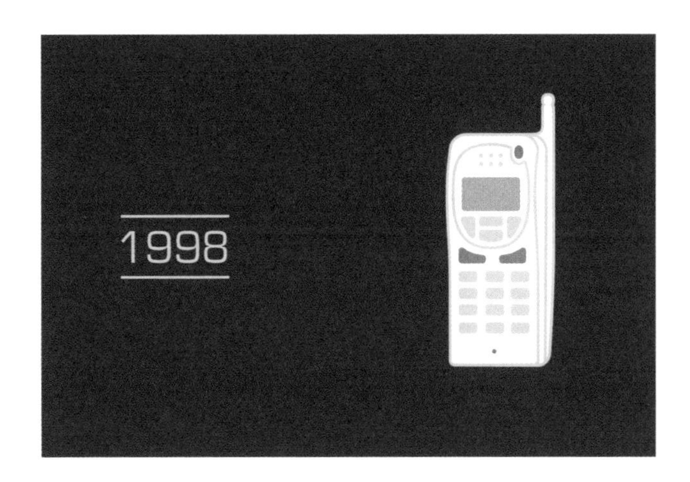

1994年，BellSouth公司（贝尔南方，一家美国电信公司）与IBM（国际商业机器公司）联合推出了一部叫作Simon PDA cellphone的智能手机，这也是世界上第一部真正意义上的触屏智能手机。它采用了夏普公司开发的Zaurus OS操作系统，虽然只是带有黑白屏幕显示效果，但它具有邮件、计算器、日历、传真、记事本和文件管理等功能。虽然这些功能对于现在的智能手机来说只能算最基本的功能，但是在当时却是相当先进并且相当受欢迎的。不过当时的消费者实在难以接受它过高的售价，因此它很快在激烈的市场竞争中被淘汰了。

到了1996年，CSIRO（澳大利亚联邦科学与工业研究组织）在美国成功申请了由John O’Sullivan发明的无线网技术专利，也就是我们熟知的Wi-Fi。这使得Motorola（摩托罗拉）和Nokia（诺基亚）等几大行业巨头同时将眼光放在了智能手机的研发上，同时也让他们嗅到了移动设备的商机。

到了1999年，摩托罗拉推出了一款名为天拓A6188的手机。在当时，这款手机相对Simon PDA cellphone来说显得更加成熟。同时，它也是世界上第一款拥有中文手写识别的手机。不过这款手机在当时价格并不算便宜，但其凭借着造型美观时尚且携带方便的特点被一些高端商务人士选择购买和使用。因此也可以说，这是第一款相对成熟并且拥有市场的手机产品。

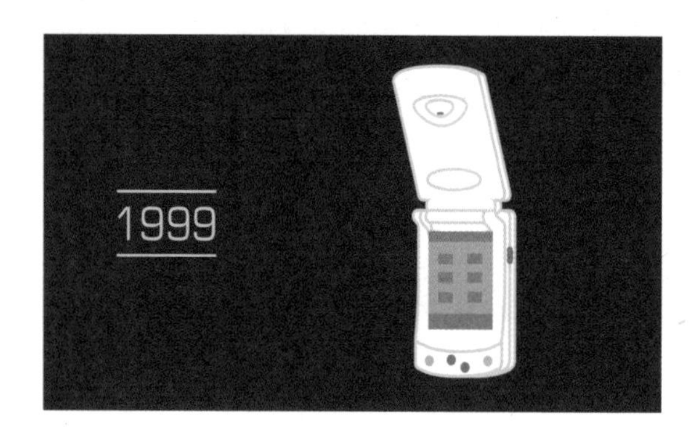

20世纪90年代末至21世纪初，手机设备的使用还有诸多的限制因素。首先，此时的触屏手机使用的屏幕还都停留在电阻屏阶段，在多点触控和用户体验方面相对落后；其次，当时的网络虽然开始进入比较迅猛发展的阶段，但是第二代移动通信技术时期的网络速度过慢；此外，如今流行使用的Wi-Fi在当时还未普及，手机硬件基础也不支持。因此，这些因素都限制了智能手机的发展。

到了2000年，苹果秘密项目团队筹备开发一个基于多点触控的科研项目。到2002年，第一台iPad原型机在苹果总部出现，但其因厚重的机身和续航（指待机时间）差劲的电池性能使得iPad研发项目无限推延。而正是这两年时间，诺基亚团队开始在市场中对他们基于Symbian（塞班）系统的智能手机做大面积铺货。于是从第一款智能手机诺基亚9110开始，就彻底拉开了智能手机开发生产的序幕，而此时的诺基亚手机也稳坐了手机行业的第一把交椅。

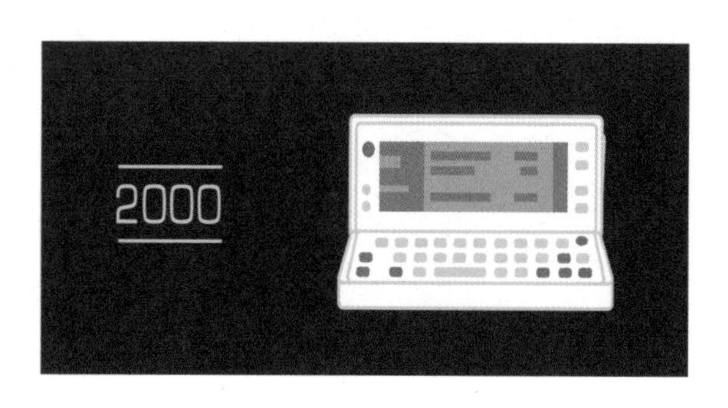

诺基亚9110出现后的第2年，Andy Rubin（安迪·鲁宾）等人开发出了一款新的智能机操作系统，并创建了Android（安卓）公司。而这款系统就是现在的Android系统，同时也是一款基于Linux内核开发而成的移动终端操作系统。几年后，这款系统和苹果系统共同终结了Symbian系统和诺基亚的统治地位，开启了智能手机的新时代。这时候，真正意义上的App才算诞生了！

1.1.3 苹果传奇与App商店

1955年，在加利福尼亚的旧金山，一名刚出生一周大的婴儿被一对好心夫妇收留，正如许多小说故事一样，这个孩子成为了未来的传奇。而且从严格意义上来讲，他就是App之父——史蒂夫·乔布斯。正是由于乔布斯的存在，才深刻地改变了我们现代的通信方式，使得我们的生活变得如此色彩斑斓。

回顾一下苹果产品的发展史，作者印象最深的产品发布会有两次，第一次是iPod产品发布会。当看到这款产品的时候，我们不得不为它优雅的外表和强大的性能而称赞。

再之后，让人震惊的就是大家所熟知的iPhone产品。因为该类产品往往只有一个按钮，且大部分的功能都需要在显示屏上操作，这种简洁化、颠覆传统的操作功能和方式在当时引起了一片哗然。当然，这个产品在刚推出时也饱受争议，然而不久以后iPhone火爆的销售情况以及用户对这款产品的一致好评使这款产品得到了肯定，同时也才使得该系列的更多产品得以发展。

2004年，苹果公司召集公司精英，开始了一项名为Project Purple的研发项目，重点由之前的iPad转向iPhone。三年后，乔布斯在旧金山发布了第一款iPhone，同时推出了iOS手机操作系统。如果说Android系统是开启了App智能手机软件的大门，那将大家引入门的则是iOS系统。同年的10月17日，苹果公开了对外开发人员的工具包，App市场由此应运而生。

App的诞生其实并非意外，而是人类发展的必然趋势。这个世界即使没有乔布斯的存在，也一定会在某时某地诞生类似iPhone这样的产品，因为这是每个人内心深处最强的渴望——希望更有效率地生活！而这也是本书的核心思想。我们不断地更新，不断的迭代，不断的设计，其实最终的目的都非常简单，就是为了提高我们的生活效率！

1.2 App的发展

对于我们设计师来说，我们之所以不断地在开发App产品的原因并不复杂。正如苹果公司的理念一样，简单、易用并且能为使用者解决问题才是App开发的价值所在。如此也就是说，我们开发App产品或者说人类发明所有工具的最终目的都在于，能让人们享受更加高效率的生活!

1.2.1 操作系统三分天下

智能手机从诞生到现在，在经过一系列激烈的市场竞争之后出现了“三雄割据”的局面，而这里所说的三雄分别指的是iOS平台、Android平台及Windows Phone平台。根据相关部门对这3个系统产品的市场占有率调查显示，至2014年年末， Android平台市场占有率为83.6%，iOS平台市场占有率为12.3%，Windows Phone平台市场占有率为3.3%。而除此之外，其他类似黑莓和塞班等平台的市场占有率仅为0.8%。

在这里需要强调的是，是否决定市场主导地位的产品我们不能只从数据上去分析，简单的数据表现只能代表人们正常的消费规律。例如，Android平台目前虽然拥有高达80%左右的市场占有率，但其消费人群一般偏向于中低端消费人群。同时，使用安卓平台的三星手机公司，他们的主要利润来源并非为最高端的那几款机型，而普遍集中在中、低档机型。此外，安卓开源化的平台也为各大厂商带来了接近零成本的系统开发，因此，在Android平台这80%左右的市场占有率中，还连带着各种各样的品牌推广和展现。

相较于Android平台来说，iOS平台则封闭许多。但即使iOS平台在使用率上不如Android平台，但它为厂商带来的利润却比Android平台要高。与此同时，由苹果提出的App Store更是将App产品化，使得普通开发者也可以上传自己制作的产品并从中获利，而这个由乔布斯一手策划的商业模式则成为了近几年App爆发式增长的主要原因。

1.2.2 第三方商城群雄并起

目前，市场上最主要的应用商店也同样是以上这几个平台所推出的，例如，Apple Store、Google Play、Windows Phone和BlackBerry App World（黑莓平台）。一般情况下，他们都会选择在自己的商城平台推出相应的手机产品。同时针对不同的手机生产厂商，他们也会拥有自己对应的商城平台。此外， App产品本身也有可能成为App商城，且这个特点在Android平台上表现得尤为明显。

当然，现在第三方的App商城产品也层出不穷。首先是国内的“91手机助手”和“豌豆荚手机助手”等率先进入市场，之后百度、阿里巴巴、腾讯及奇虎360等各大企业也紧随其后。这些平台在兴起的同时也在推出自己的App商城，不过这时候的App产品的研发主要还是围绕Android和iOS这两个主流平台来进行，因此，这两个平台也就分配了市场上绝大部分的App产品。虽然现在逐渐开始有一些适配Windows Phone的App，但也只有少量成熟的App才能达到覆盖多平台的能力。同时这也是依照App产品影响力或公司财力而定的，而一般小成本的App产品还是依附于之前所说的两个平台。

随着时间的推移，App产品已经不再是一个单纯的移动产品。最初，许多App产品只是作为电脑软件或者网络产品的衍生物，如早期的腾讯QQ和淘宝等。而随着WiFi、3G和4G等高速网络的兴起与发展，许多App产品就像是雨后春笋一般被研发出来，使得许多风险投资公司、天使投资基金会等都开始涌向移动互联网产业，这样也使得这个产业的竞争开始变得越来越激烈。

目前，移动互联网的App产品大有替代传统互联网程序的趋势。尤其是越来越火爆的O2O（Online To Offline的缩写，指将线下的商务机会与互联网结合，让互联网成为线下交易的前台）商业模式，就是现代移动互联网发展趋势的最好证明。

接下来，我们来回顾一下一些相对典型的一些App产品的发展，例如中国四大门户网站即新浪、网易、搜狐和腾讯旗下的App平台，它们的共同点在于都是从有线互联网逐渐转化到无线互联网，而这一趋势也同时代表着整个社会经济与科技的发展趋势。在网络还未盛行的早期时代，一些网络先驱策划人就看到了网络不可估量的价值。在个人电脑兴起的同时，电脑技术的发展给人们办公和生活所带来的便利也是当时各大企业都显而易见的，而当这些技术发展到一定地步时，自然而然地就驱使人们想得到更多更加便利的办公方式，而这也是本书一直强调的设计中心思想和目的——人们渴望更加高效率的生活。

接下来，我们以“新浪”为例，通过讲述这款App产品从搭建有线网络到搭建无线网络App端的成功发展的始末，以此来为大家分析App发展的必然趋势和前景。

新浪是于1998年成立的一个中国门户网站，并于2000年成功在美国纳斯达克（NASDAQ）上市。如今，该平台覆盖了国内外华人群体，其产品覆盖各类新闻平台，并开设有自己的独立频道，如体育、娱乐、科技、财经、军事及房产等，几乎完全覆盖了我们的网络生活。

在拥有用户基数及口碑之后，该平台及时开办了自己的用户博客，从此打开了国内的交流互联网。在该平台网络注册的用户不仅可以观看和评论新闻，同时也可以上传原创新闻供网络用户浏览与分享，就此也拉开了博客和圈子等新一代的网络媒体方式。这种媒体带有很强烈的个体性，脱离了过去相对单一的媒体，寻找和发布信息，并评论新闻，让新闻更加真实化，也更加贴近人们的生活。

2009年Web 2.0时代，该平台在博客的基础上一鼓作气，开发了一款同时适配有线互联网和无线互联网的一款微型博客产品。可以说，该产品也是近几年来最成功的几个互联网产品之一，且因为国外类似的一些产品由于审核制度等限制因素而不能进入国内市场，也使得该平台在之后迅速成为了国内最大微博客平台。

起初，互联网技术仅仅是被应用在大型的公司或者学校，并且更多的是被应用在局域网，目的是为了方便各个公司内部能够形成相对迅速的通信，将一些常用数据或者工具上传至总服务器，然后让各个计算机使用人员通过局域网迅速了解和使用，但是这样并不能满足人们日渐膨胀的需求。于是，之后随着互联网技术的革新和发展，其也就被人们应用在了更多的领域。

互联网技术的诞生和发展，促成人与人之间更快捷的交流和沟通。而新浪门户网站最先兴起的主要原因，也是基于人们希望能更方便的获取新闻资讯或其他服务的需要。此外，这些新兴的门户网站的诞生和发展也随之而来带动了一些衍生品的出现，其中广告业也发生了翻天覆地的变化，企业相对之前也变得更加开源，同时对于人才选拔的窗口也变得更加开放了。

在这一阶段，许多互联网公司更多考虑的是如何拓展自己的业务面，而随着移动互联网设备的兴起，也给无数互联网公司带来了新的机遇，同时也给社会经济带来了新的冲击。

此时新浪公司很好地把握住了这个时机，他们借用原本就已经成熟的平台重新打造了一个微博平台。一时之间，这种新型的平台和新型的交互模式给大家带来了更方便的展示和交流的机会，人们可以随时随地在自己所属的账号博客中发送自己的文章和照片等。而这一方式也在很大程度上改变了许多现有的媒体方式，随之各大媒体和一些专业人群也纷纷注册使用了该平台。

此时的新浪微博平台正是看准了人们在生活中对这种展示与交流强烈的渴望和需求，通过智能手机这一媒介，满足人们能够随时随地地发表微型博客、简短的文章和照片等信息，且自己的朋友、同事及家人等都可以通过这个平台很方便地看到我们所分享的这些内容，并且可以随时进行评论或者转发。仅仅几年的时间，移动互联网产品发展已经迅捷方便到如此程度，不得不说科技的进步速度是我们难以想象的。当然，它的成功也是有其必然性的，通过十多年的传统互联网行业的发展，最终才有如今如此大规模的产业效应。

1.2.3 移动设备与App发展的关系

从过去的按键手机到现在的触屏手机，并没有经过太长的发展时间，而这些改变却实实在在地改变了我们的生活方式。当科技慢慢变成我们生活的必需品时，我们看见身边时时刻刻都在发生着变化，这时人们对于科技产品的依赖性越来越强，慢慢地就出现了生活周边的智能化产品，如智能测温水杯、智能提醒手表及身体机能测试器等。

2009年2月，一个偶然的机会作者看到了一期TED（technology、entertainment和design的缩写）讲座，讲座名称叫作Sixth Sense，即“第六感”。在这个讲座中，一个以Pranav Mistry为核心人物的发明团队展示了他们的产品，这个产品装置由一个摄影机、一个微型投影仪及一些终端设备组成，通过简单的技术重叠和开发，利用硬件摄像器捕捉摄像机所拍摄到的图像进行软件分析，可以做到识别用户手指所佩戴特定指环上的信号，并通过手指的隔空操作和投影仪设备来实现人机交互。同时，用户可以利用放大或缩小、前进或者后退等手指操作来抓取照片中的文字或者图像信息，也可以通过电脑系统自行生成的平面信息进行阅读，并解译成为数字信号后在网络中进行匹配，从而得到数字结果。

下图中是一个可以通过投影和手控设备拨打电话的高科技产品。在这个穿戴式产品解放了我们双手的同时，其扩展性也表现得出奇的好。它不仅拥有了所有智能手机设备的各项功能，同时也将这些功能发扬光大，通过特定动作抓取或者声音控制，让拍照、打电话等一系列操作都变成极其简单的动作。由于这款设备不需要显示器，虽然在一定程度上降低了清晰度，却延伸了显示性能，使得所有只要是平面的物体都能成为显示器。最有趣的是，其中有一项功能是可以识别报纸上的照片及文字内容等，还可以针对有照片的区域显示对应该内容的视频。

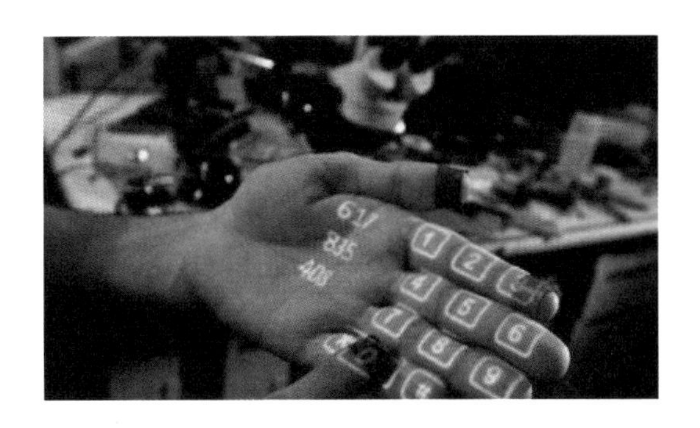

2012年4月，美国谷歌公司发布了一款让许多人狂热的穿戴式电子移动互联网设备，叫作Google Glass。这款产品一经公布就赚足了眼球，同时让发布会的门票也一抢而空。记得在我们小时候看到的科幻电影里，总会有一些绚丽神奇的显示器等物体飘浮在半空中，同时通过说话和几个手指轻轻一划就能完成通信和操作，而这一切功能在如今的Google Glass产品中几乎都可以实现。

这里针对Google Glass产品的功能进行分析。在分析之前先想一下，一款理想的移动互联网可穿戴式设备都需要具备什么呢？首先，一个针对用户的产品当然需要用户能够清楚地看见，那么眼镜似乎是个不错的产品外观设计想法。采用眼镜式外观设计后以什么样的模式进行显示显然就是Google Glass第一个需要面临的挑战了，针对这一点谁也不知道他们的设计团队在否认和修改过多少方案之后才交出了一个让我们都满意的答卷。

对于Google Glass产品，首先，人们可以通过其右上角的一个小屏幕获取所有想要查询和得到的视觉信息；其次，人们在拍摄照片或拍摄视频时可以随时用语音告诉Google Glass打开录制功能，再也不会因为需要拿出手机而浪费短暂而宝贵的拍摄时间，同时也不需要举着笨重的手机或者相机进行拍摄。当然，对于目前我们的生活需求来说，一款理想的电子移动设备单单只能满足于视频和拍照是远远不够的，还要有通信功能，所以，Google Glass使用了骨共振耳机这一看上去新鲜有趣并且实用的通信方式，让使用者可以随时完成与他人视频通话等一系列操作。接着说到短信功能，Google Glass很显然不具有键盘这一功能，所以，所有的操作都需要通过语音来完成。通过语音，Google Glass可以识别使用者所说的话，并且通过识别结果做出相应的反应。同时，

Google Glass也运用了同样的方式来覆盖其所有的功能操作；此外， Google Glass还附有重力感应器，通过头部的不同晃动也会做出相应的操作，以此来控制一些基础功能的使用。

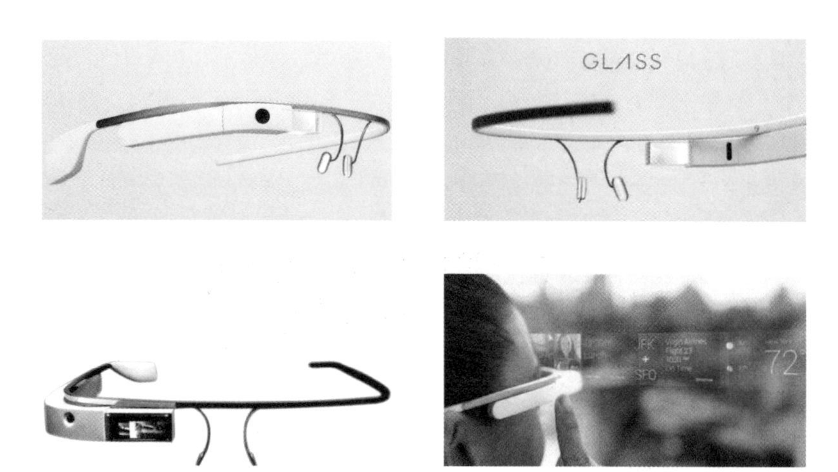

说完Google Glass的硬件功能之后，我们来说说其软件功能。在拥有如此强大的硬件支撑之后，相对应的软件功能当然也需要足够强大。目前距离Google Glass的发布已经有一段时间了，但由于其1万多元的售价，并且限量发售，所以，真正能拥有它的人并不多，那么自然所对应的App产品也会很少。不妨先忽略那些还不够成熟的App产品，来看看Google公司自己为这个产品制作的基础软件。

针对Google Glass产品，Google公司在其软件方面所下的工夫并不比硬件方面少。鉴于产品的硬件优势而言，用户可以脱离双手对移动设备操作的束缚，同时摆脱固定屏幕的尴尬，相对于传统移动互联网产品区别自然会很大。

这里以其最典型的软件“谷歌地图”为例，谷歌地图可以直接在右侧眼睛前的显示器中显示街景，并且生成指引箭头和路线样式，这样人们在开车的时候就不用低下头查看自己的路线，也不用担心方向是否有误。

1.2.4 未来App市场前景

App从兴起发展到现在短短几年之间呈现了爆炸式的增长，到2014年App的总数量已达到了100多万个，涵盖了各个领域，并且拥有各种各样的功能，也可以说涉及了我们日常生活中需要的所有内容。同时，同一种类的App也出现在各个企业的不同产品当中，如照相功能的App产品就多达几百种。在这些产品中使用率高低有别，但确确实实也都有着很大的用户细分市场。

说了这么多，这里就为了告诉大家一个道理。在不久的将来，我们会面临一些更多的App新产品的开发。虽然我们现如今主流媒体和主流App的制作和设计都是显而易见的，但在不久的将来，也许就是几年的时间，媒体的整体形势将发生改变，包括人们交互的方式，以及人类生活的模式等。

作为设计从业者，希望大家能够从作者总结的经验当中学习到一些相关的设计知识。不管世界如何变，大家都要学会以不变应万变，做好迎接社会经济与变革的准备。

1.3 项目团队与项目研发流程

1.3.1 项目团队与介绍

一个萌芽中的产品，可能是被经理挖掘，也可能是被老板挖掘，但是不论被谁挖掘，其第一想法很可能不会立刻被设计师所知晓，更多的信息会先被运营部门或产品经理所接收。而在他们接收到第一手消息之后所要做的事情就是搜集资料，然后针对这类尚未开发的产品评估一下其可行性、产品的运营成本、渠道的展开模式及开发的难度，等等，那么参与评估的一般会有产品经理、研发经理、研发总监、运营总监及职业经理人等决策层人员，而对于设计师来说在这个阶段也只有总监级别的人才能参与。

下面以一个流程图给大家简单介绍一下一个项目的制作流程。此流程并不代表所有公司的项目流程都是这样的，只是泛指，并且省略了一些细节，但还是具有一定的参照性。

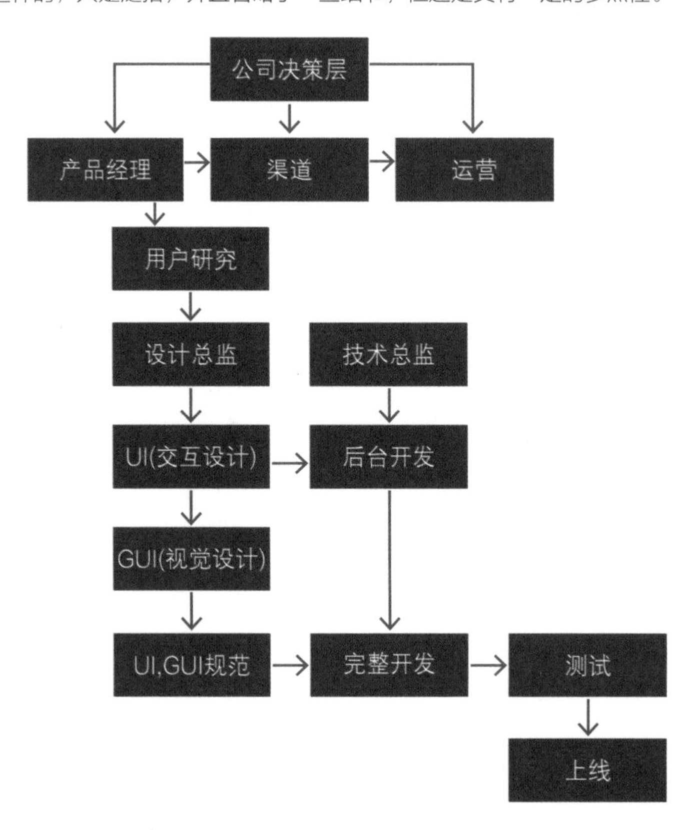

在一个项目团队中，决策层往往定制的是整体产品的战略、渠道、开发周期及运营模式，他们需要整体把握产品的去向、投资额度和市场前景等。

那么项目策划方案经这些决策层通过之后该如何进行呢？在这里，一般会出现两种情况，一种是交由公司内容部，包括UI团队和研发团队来完成，另一种则是采取将产品开发这一部分外包给专业的App开发公司来完成制作。针对一些比较大的企业来说，例如像BAT或者是其他的一线企业，基本上都会有自己的设计资源配置，且这些企业也是优秀设计师们比较青睐和向往的发展平台；针对一些中小型企业来说，由于他们没有自己的设计团队，因而他们则更倾向于寻找一些专业的设计服务公司来完成自己的App产品研发和制作。

1.3.2 项目研发流程

在一个产品项目团队中，一款产品从孕育期到正式生产的过程其实并不简单，一些产品前期孕育的时间往往多于具体开发的时间，在这个孕育的过程中策划人需要与相关部门的人员进行充分沟通才能让方案得以成型。而走完这一段产品孕育期之后，成型的方案就会递交到相关设计师手中，然后再开始进行产品项目的实施过程。

1. 策划

在项目团队中，一个合格的产品策划从一款产品的研发到实现几乎都会参与其中。首先，在制作预定方案之前策划人需要对产品细节和用户需求进行很好的分析与把控，这样才能保证产品方案最终的可行性；在此基础上，策划人还需要规划产品的具体功能和制作流程，并且拟定产品制作重点及细节技术需求所涉及的相关文案；当完成这些工作以后，策划人最终会就之前拟定的想法生成一份标准的文案，这些文案中需要包括产品研发与实现所需要涉及的所有内容。当然，这些文案都是需要得到决策层的肯定才行的。

2. 用户研究

当产品策划在完成了以上工作内容之后，项目中的用户研究团队会开始介入其中。用户研究团队一般在一个项目中的某些方面起到指导性和决策性的作用，也可以说，用户研究团队在一个项目中所处地位并不亚于决策层。在某些时候，决策层甚至需要就用户研究团队制定的一些实质性研究报告中的内容进行自我决策的调整。因为一般用户研究团队做出的报告，都是根据用户需求和其他调研所得来的，而这也是检测决策层的策划方案是否可行和决定一个项目是否能进入具体实施过程的重要一步。因此，在这个过程中不免也有一些项目方案在经用户研究团队做出一些结论性的报告之后，验证到方案所出现的问题，或没法真正满足用户需求而不得已被终止，从而无法实施的情况出现。

由此可见，决定一个项目是否得以具体实施多半是由用户研究团队对用户需求的潜心研究与调查结果所决定的。在一个项目方案经用户研究团队所做的报告检验而通过之后，接下来会并行安排两个工作内容，一个是产品视觉概念设计，另一个是产品交互概念设计。因为在产品项目方案得到认可之后，决策层往往会希望看到关于该类产品的同类竞品和产品的一些相关具体信息，包括产品的视觉传达、交互方式、视觉语言及设计方式等，然后以此来判断和预估出产品最后呈现出的效果与商业市场价值。当然，并不是说市场上没有产品项目中所涉及的竞品就不能做产品开发，而且有时候这也并不影响产品视觉概念设计及交互概念设计的进行。因为很多产品都是从无到有的，只不过这时候所出现的产品视觉与交互方案概念性会更加强烈一些而已。

作者曾经也参与过类似没有任何竞品参考的产品项目，也发现类似的产品项目在具体实施的过程中对于交互设计师及视觉设计师的挑战也是非常大的。作者之前所带领的一些项目团队在做这类产品研发的时候，发现团队中的很多人员在研发过程中往往会被一些并不是重点的问题所牵制，又因为没有同类竞品的参考，一些产品只能通过自己各方面的判断而做出最保守的方案。此外，就作者之前所参与的一些大型项目而言，包括腾讯公司的一些用户研究案例，同样在项目进行到一半或者接近完工的时候，总是会发生一些意想不到的结果，或者会发现产品实际需求与最初方案偏差太大，从而导致出现方案重复修改的现象。

总而言之，这些“无人区”项目需要大家做长时间的尝试和检验，才能生成相对成熟的产品。但是基于国内该行业的现状而言，大部分项目在开发周期上存在严重的时间规划和漏洞，如很多项目开发周期过短，导致产品不成熟，以及用户体验差等。因此，拥有用户需求的深入挖掘能力和对产品市场价值精准的判断力，是决定用户研究设计师是否能在这个行业得以生存的最重要的一点。

3. 交互设计与视觉设计

在决定方案可行并通过之后，交互设计师与视觉设计师会同时参与其中。只是这时候视觉设计师所提交的方案只是一个大纲，重点在于交互设计师的方案体现。当交互设计部门再接到相关的项目任务之后，交互设计总监一般会带领交互设计师与视觉设计师一起针对产品所指定的用户需求做出一个最初的方案，并且会要求设计师们搜集一些可以参考的内容，包括实际的案例或者是针对用户研究所得出的报告，报告中可能会包括一些概念性的图片和交互分析等内容。

接着，交互设计师就会针对研究所得出的方案中的几个重点内容进行具体的设计方案输出。就作者经验而言，这时候交互设计师与视觉设计师分别给出的方案一般有3份，一份是最为保守的方案；一份相对中庸的方案；另外一份则是相对较激进的方案。当将这些方案提交决策层进行审核时，视觉设计师需要对设计方案中所涉及的产品配色、样式设计及视觉表现等进行自我阐述与分析，并且结合交互设计师所提交的方案进行视觉概念的设定。最终的产品视觉概念设定方案同样也是采用前面所说的3种形式，包括保守形式、中庸形式和激进形式，最终会选取那种方案形式就要根据具体情况来定了。

当然，在交互设计师与视觉设计师制定这些方案之前并不是闭门造车，而是在整个过程都需要与决策层或者相关用户进行深入交流。例如，在做一个情绪版的产品视觉设计前，关键的一步就是需要提取关键词，然后进行具体分析。首先，最主要的关键词提取可能来自于产品性质本身；而其他的潜在性关键词就需要设计师们对产品进行深入分析，并通过头脑风暴得出产品关键词的衍生词，从而细化出产品的具体视觉与方向；最后通过这些关键词，设计师需要寻找出产品所对应的一些信息，如通过对图片的分析，提取出图片中一些重要信息，并通过这些信息生成具体可行的产品设计方案。

当交互设计师将这些方案拟定出来之后，就可以拿着成型的方案给后台开发人员进行产品的具体开发和模型搭建了，并且后台产品的开发和产品视觉设计工作一般可以同时进行。那么这时视觉设计师会针对交互设计师的设计方案设计出产品的关键页面。同时做出几个不同的设计方案供决策层去选择，而这些方案的区别可能就在于不同设计风格导向下产品不同的感官设计与表现，直到最后采纳并且得以使用为止。

4. 页面输出

当以上所有的项目设计工作都完成之后，接下来就是根据以上所设定的方案做详细页面的输出了。

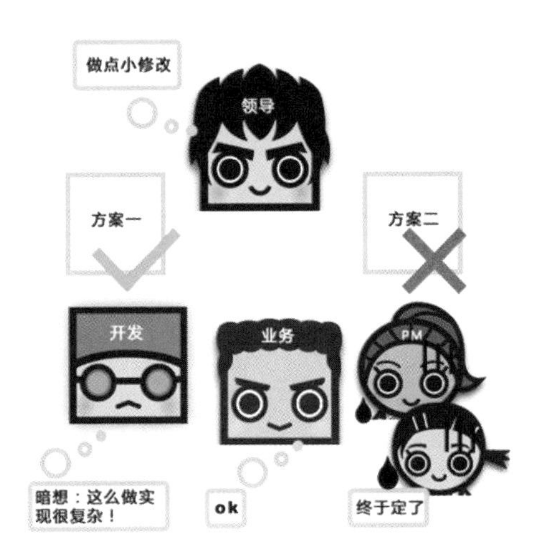

1.4 总结

写到这，我们也能够大致了解一个产品从开始构思到真正实现所经历的过程。不难看出，设计师在一个整体项目研发中只是负责其中的一个部分，主要在于产品的交互与视觉设计。而这一环节又是整个项目过程中最为关键的部分，因此，在具体工作的过程当中设计师们需要做的就是将自己所负责的工作做到极致。也可以说，设计师是所有项目梦想的先行者。

本节内容没有涉及一些产品设计细节上的操作，这部分作者将在后文中会为读者进行一一讲解。

打破常规思维

——在天马行空中寻找实用

- 时刻保持天马行空的想法
- 时刻拉紧的“缰绳”
- 如何表达你的想法
- 用户研究与交互设计
- 如何把想法付诸实践
- 实用是设计的根本

App DESIGN

从App的诞生到互联网时代的兴起，科技将人与人、人与产品之间的距离越拉越近。对于社会经济来说，过去的一些商业模式发展至今也发生了翻天覆地的变化。与此同时，App产品也正在不断地改变着我们的生活，现在的人们也越来越离不开移动互联网产品了。对于很多刚入行的设计师而言，在一些大量的或者高强度的设计工作当中，可能往往会遇到设计思路受阻，或者做出来的方案不被客户或者用户认可的情况，那么具体应该如何看待和解决这些问题，就需要我们通过下面的学习来得到答案了。

2.1 时刻保持天马行空的想法

对于刚入行的UI设计师来说，设计这份工作多少会有些难度。这里我们就先介绍一下设计师的自我修养，即设计师是所有梦想的工匠。那么如何来实现这些梦想呢？大家也说：“设计师的肚子是杂货铺”。想要做好设计，首先需要了解和学习很多相关的知识，所以，对于刚入门的设计师需要考虑如何学习，从何下手。

2.1.1 设计与艺术的关系

说到艺术，这里我们以一个设计界的顶尖人物为例，他就是贝聿铭。

贝聿铭先生在建筑设计方面的造诣可谓是登峰造极，他所设计的许多作品让很多人都为之惊叹。

华盛顿国家美术馆东馆

苏州博物馆

香港中银大厦

从以上作品中我们不难看出贝聿铭先生在设计中的造诣之深。在贝聿铭先生的建筑设计中，线条的运用、视觉感官设计及空间的规划，都达到了几乎无可挑剔的程度，也不难看出其作品整体都充满着天马行空的想法和理念。

下面以贝聿铭先生的一件法国建筑设计作品“玻璃金字塔”为例，为大家说明设计与艺术之间到底有什么样的关系。

巴黎卢浮宫玻璃金字塔

20世纪80年代初，时任法国总统密特朗宣布改建法国巴黎卢浮宫。对于这一项重要的决议，法国官方显得无比谨慎，他们邀请了全球15个顶尖博物馆的馆长来当评委，并且在全球广泛征集设计方案，就是为了保证这个设计方案的单纯与品质。大家实在是难以想象在如此宏伟美丽的卢浮宫前再扩建一个什么样的建筑是合适和协调的。

贝聿铭先生在接到这个设计需求的时候深深地感到这个项目的难度超过了以往所承接的项目中的任何一个。因为这个建筑物的特殊性，他所面对的压力来自各个方面。他自己也坦言，在设计时自己也很纠结，他深知将要面对的不是一般的考核指标，因为这个指标里可能还存在一定的政治立场。在这种压力下，贝聿铭先生毅然决定放弃那些平庸保守的设计方案，大肆地放飞自己的思想，在顶住无数压力的同时，大胆地使用了金字塔造型、金属结构及玻璃材料。最终审核结果也令人惊喜，贝聿铭先生的设计方案在评审中以15人计票，取得其中13票的成绩力压群雄，成功地拿下了这个设计项目。

在这里，作者不得不为贝聿铭先生在这个项目上所做出的一些妥协或是大胆表示惊叹，作者也很希望在这里和大家一起来解读贝聿铭先生在这份设计中的大胆。在贝聿铭先生想到用金字塔元素设计这个建筑之初，他认真地读了4个月的法国历史，也曾考虑过一些相对宏伟复杂的方案。但是最终这些方案都被贝聿铭先生一一否决了。显而易见，在卢浮宫门口建造一个比卢浮宫还要华丽的建筑是一件并不明智的事情。因此，贝聿铭先生想到了这个设计必须要集美观、设计感与低调为一体，单纯看这几个要求就已经能预感到这个项目的难度。在设计行业，必须明白一个道理，往往越简单的东西越难设计。在这些条件的限制下，贝聿铭先生并没有考虑任何传统的建筑设计，而是大胆地想到了使用玻璃和钢架结构相结合，在卢浮宫门口建立了一个钢铁玻璃式的金字塔。

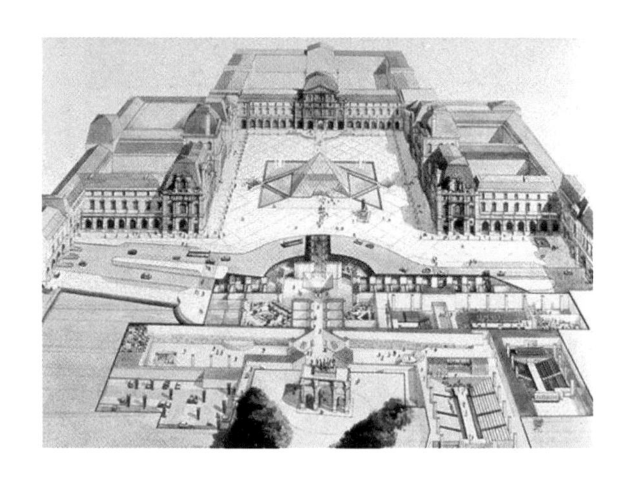

这个设计方案刚出来时，法国民众有90%的人都表示反对。他们认为让一个中国人在法国的卢浮宫门口建造一个埃及人的代表性建筑金字塔是一件极其愚蠢的事情，但是贝聿铭先生还是顶住了压力，甚至不惜代价提前建造一个模型出来示众，最后终于得到了群众、艺术家及政治家等的肯定，才有了现在这个美轮美奂的建筑，一个每天都会随着巴黎天空变化的建筑。

作者曾经读过车尔尼雪夫斯基写的一本名为《艺术与现实的审美关系》的书，这里也推荐大家看看这本书。虽然在这本书中，无数枯燥的理论知识充斥着许多版面，作者在阅读此书时也常会有阅读不下去的时候，但是一旦作者放下这本书，又会无尽地希望重新拾起并再次阅读，看看这位大家还能继续给自己带来什么样的惊喜。在《艺术与现实的审美关系》一书中，他将现实与艺术上升到一个可辩证的唯物论概念上，通过现实的关系自问自答地对艺术展开辩论。虽然在书中他写到艺术的还原并不能将自然产物还原到极致，但是他的一些观点一直影响作者到现在。车尔尼雪夫斯基是俄国伟大的哲学家、革命家和作家，他是作者最钟爱的俄国作家，这位伟人所著作品甚有新意，并且从来不屑于人云亦云，而剥离掉上面这些头衔之后他又是一位不折不扣的艺术鉴赏大家。

下面再以著名画家达·芬奇的传世佳作《蒙娜丽莎的微笑》为例进行介绍。这幅作品一直都被视为全世界最有价值的油画，无数电影和小说中都提到了这幅作品。车尔尼雪夫斯基当初也发表了一些他个人的观点，他曾说:“一直以来，他的作品给作者的感觉总是犀利和直白，他很直接地指出艺术与现实之间总是存在着不可逾越的一道沟壑。”其中，说到油画的时候，他很明确地指出:“油画就算绘画工艺再好，水平再高，也不可能与现实保持绝对一致。但是，艺术品之所以拥有其存在价值，就是因为他是人们对于生活、美学及社会的理解的真实写照。”

在艺术与产品的结合上，作者曾做过很多的尝试，希望能够将艺术中的一些东西添加到产品研发与设计当中去，但在实践中却发现颇有难度。在实际操作中，我们更多的仅仅是能够从艺术里提取一些元素放到设计之中，而能做到真正融合的并不多，例如贝聿铭，他的作品能够做到将艺术和产品很好的结合，让作品在具有艺术感的同时，兼容产品的功能性，实在不易。此外，艺术品是很难用具体的方法论或是理论来证明它的价值和合理性的，因为艺术品并不是产品，所以它的价值并不是被拿来利用的，而往往是被拿来看的。

但是不管怎么样，这些艺术品也都时时刻刻地影响着大众的审美及艺术观点，我们在做设计的时候绝对不能忽视这种艺术气息的重要性。因为天马行空的思维，往往来自人们对美好生活的向往和对艺术文明的无上追求。那么，在天马行空的思维当中，我们需要的是对艺术审美的不断挖掘，以及对于创作思维的不断开拓。

因此，作者希望大家在做设计之前，能够多欣赏一些大师的作品，或是一些真正有艺术价值的艺术品，这样能够更好地提升自己在设计上的修养及水平。

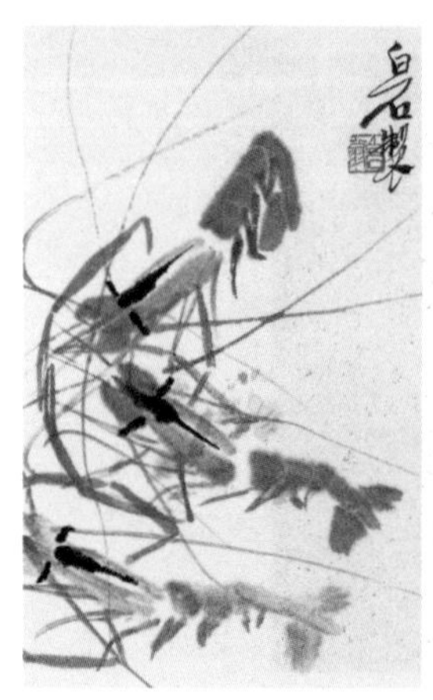

2.1.2 设计目的

说到设计目的，我们再来说说设计师为什么需要具备天马行空的思维。这幅画就是世界著名的油画画家梵高的作品《星夜》。对于以往的艺术家们来说，他们的创作都饱含激情，而设计师的很多作品的想法和创意也都来源于这些创作。在实际的设计过程中，设计师们需要针对不同的产品类别，运用不同的艺术表现手法，从而对艺术进行加工与重组，从而衍生出新的作品或更多符合市场的商业产品。

也可以说，人类文明始于设计，而设计也往往来自于对生活工具的奇思妙想。这句话一点都不夸张，因为设计的本质其实就是实现和优化我们的生活工具。简而言之，所有设计都是作为一种生活工具而存在的。在人类文明之初，还是刀耕火种的年代，我们的祖先就开始使用石材来打造工具了。这些其实就是工业设计的原型，如今的App设计就是工业设计的一个衍生品。

在远古时代，我们的祖先最初在寻找食材的时候需要用石头敲碎一些坚硬的果壳，于是他们习惯将石头作为生活中一种普通的工具来使用；为了更便于操作，一些聪明的原始人就将石头改造成了带把的锤子；为了能够很好地捕捉难以接近的猎物，他们随之设计出了矛；为了能够更精确地捕捉到更多的猎物，于是他们设计出了弓箭。不难发现，从远古时代开始，人们的生活工具就已经无时无刻不在更新了，并向着更加便利的形式发展。

这些生活工具更新的规律和设计的规律其实是一致的。例如，设计一个App程序，最重要的就是传达这个产品或品牌的核心价值。生活中我们所设计的产品虽然针对的可能是不同的人群，但是任何设计最终目的都是一样的，那就是让人们的生活变得更加便捷和高效。

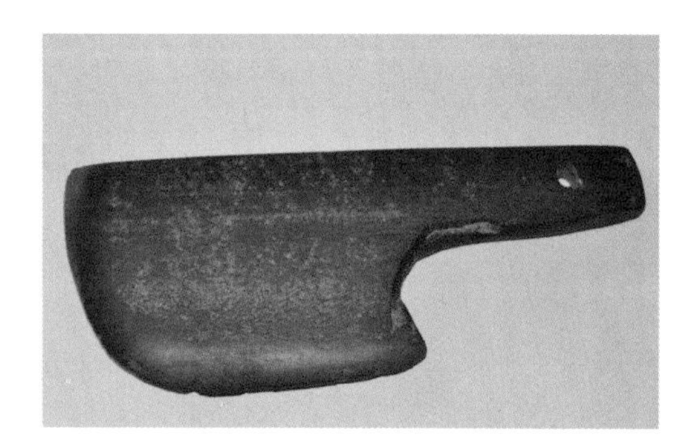

2.1.3 设计思维

在设计工作过程中，设计师们经常会遇到这样的情况，感觉对于设计总是没想法、没创意、没新意。作者在刚入行时也不例外，每接手一个新的项目之后，总会有一种无从下手的感觉。这个问题可以总结为一点——如何构思。

在我们遇到很多设计问题的时候，一般都习惯用自己的逻辑思维和常识来判断和解决问题，也就是说大部分时间里我们思考问题都是像一条连续的点组成的线，从而让我们在自身思维中所形成的逻辑体系中去寻找到问题的答案。

当然，这是一种正确而又常规的思维解决模式，在设计中也是适用的。但是，这样做出来的设计往往会显得枯燥而无新意。因为线性的思维往往是奔着合理地解决问题而去的，这或许对于程序员更为适合，因为他们的思维往往是需要呈线性的，而设计师却不能一直如此，有时候也需要采取一些其他的思维形式。

我们来做一个小测试。问:“如何测量西湖里有多少水？”这是某公司的一个招聘问题。在考虑这个问题的时候，一般会想到的解决方案都比较中庸，一般人会想到通过几个点测量高度，然后根据面积计算水的大概重量；而理工科的学生可能会搬出声呐探测仪来探测；那么再笨一点的人可能只会想到将水抽出来，然后再慢慢量。这就是线性思维。那么，设计师们应该如何思考呢?

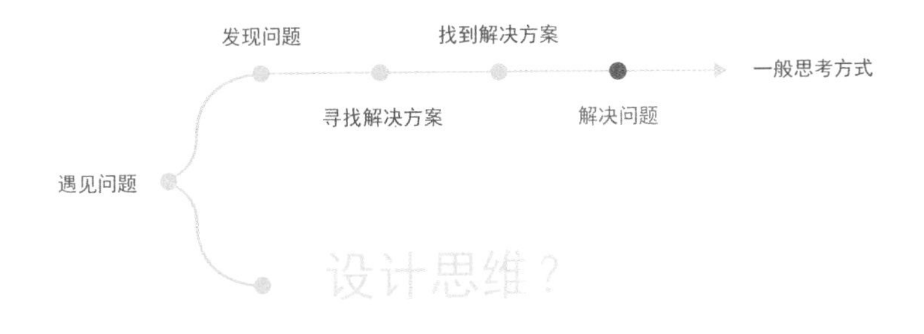

对于设计师的自我修养来说，设计师们遇到普遍性问题的时候，不管是在思考方式或行为方式上一定需要别于一般的线性思维，也就是要求设计师能致力于如何更加有效并且有趣地解决问题。这里大家必须明确，一个优秀的设计师并不是疯子，但确实在一些问题方面会与常人有不一样的眼光和判断。

因此，优秀的设计师们看到这个问题时。一般会明确测量的目的，即测量水的重量，然后给出一些异于常人的回答。例如，可以叫超人来冷冻整个西湖，然后将结成的冰块举起来称重；或是把湖中的龙王叫出来询问；又或者让貔貅喝了它，在喝之前先称一下貔貅的体重，然后再看看喝了水的貔貅具体重了多少等。

由此可见，对于设计师来说，拥有天马行空的想法和思维的人更容易做出一些好的设计作品。但是，好的设计想法并不是仅仅来源于个人单纯的自我思考，而是需要有据可依，有迹可循。拥有天马行空的想法的设计师工作起来会更有效率，而且做出的设计产品也会更有新意。

对于优秀的设计师来说，很多时候他们都会通过借鉴别人的方式方法来处理自己的设计问题，当然，这里说的并不是抄袭，而是通过别人的成功案例来启发自己的设计思路，从而生成更有趣且更有新意的设计方式。

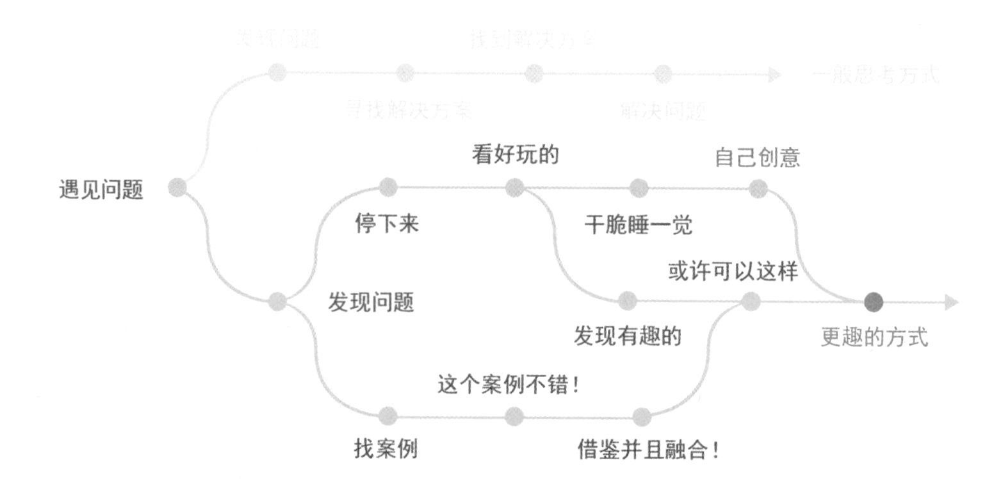

2.1.4 何为创意

在学习设计过程中，大家需要明确一个概念性的问题，那就是何为创意。创意其实是一个针对人类需求解决方案的思维方式。为什么要这么说呢？道理很简单。大家可以看看身边所有的人造产物，它们都来自不同的创意，而这些创意的源头，就是我们对这个物品最原始的需求。

下面来举个例子。下图中有3种杯子，第1种是最普通的杯子，结构也最为简单，主要功能是用来喝水；第2种杯子是在第1种杯子的基础上添加了一个简单把手演变而来的，其优势在于新加的把手可以避免手与杯壁直接接触而被烫伤；第3种杯子则是在第1种杯子的基础上增加了一个盖，这样携带时水不容易洒出来。

其实这是我们生活中很有趣的一个发展现象，就一个简单的用来盛水的杯子也能演变出这么多的样式，而且我们现在可以仔细思考一下市面上还有多少种不同样式的杯子。更为有意思的是，这些杯子不同设计的需求又同时存在着复用性。我们可以尝试换一个不同的思维角度去分析以上这3种杯子，会得出一些其他不同的且有趣的结果。

综上所述我们不难发现，同样是杯子，因为我们的思维方式不同，所以才能在挖掘出它们个体的第一种设计需求外，还能挖掘出第二种甚至更多的需求。从第1种杯子来看，它演变出了易于收纳的作用，并且可以广泛地运用在需要使用大量杯子的场合，重叠摆放都很方便；第2种杯子在避免人直接接触杯壁的同时也起到了防滑作用，提高了杯子的安全性；第3种杯子因为有了盖子之后易于携带，同时能够比之前两个杯子拥有更好的保温性能。

不得不说，在生活中的很多时候，创意和需求是相互依存的，没有需求就没有创意的产生，而没有创意，人类的需求就无法得到满足。

很多人认为创意是无意义的，是偶然的，是需要天赋的，是无法捕捉的。其实创意的第一要素就是，它不仅仅是有意义的，同时也是有着长远的积极意义。在生活中，设计师每设计一个产品不但对于自身来说是有意义的，而且对于这个产品本身而言，它也会因为人们对它的需求被附上一定的意义。道理很简单，如我们拿着一块木头去卖和拿着一块雕刻过的木头去卖，意义不同，价格也不同，而创意就在雕刻的这部分。

之所以可以在同一个产品的身上找到其不同的需求点，原因其实很简单——很多产品往往是经过了前人无数次的创意不断改造而成的。就拿目前所使用的手机而言，从最开始只能单纯地打接电话或收发短信演变到现在能将打接电话、收发短信、拍照或拍摄及导航等集于一体，这些创意都是在人们不同需求的条件下不断地被创造出来的，所以，生活中的大多数创意其实都具有复用特性，而所有产品的特性都取决于人们现有的需求。创意并不是单纯来自于个人天赋，它是由人们不断地发散思维、规划思维及捕捉思维的过程中得来的。所以，创意是有方式、方法并且可以通过后期不断学习、训练和加强而提升的。

2.1.5 创意方法

如何制造创意？这是一个一直以来困惑很多设计师的问题，这里作者归纳了几点给大家。

1. 不断变化思维，让自己“发疯”

很多时候，很多人并不是没有创意，而是没有速成创意的头脑，或是有创意，却无法与实际的项目相结合。

创意源自对生活的奇思妙想，作为设计师在生活中需要时刻保持天马行空的思维。因为创意就来自于我们身边的任何事物，当失去创意或是没有创意的时候，不如出去走走，换个环境和氛围。

在日常生活中，要不断去变化自己的思维，变换自己的身份，去思考别人在想什么，或是去问问别人在想些什么，喜欢什么，或是希望得到些什么，这样才有利于我们设计出更多更满足人们生活需求的产品。

设计师

用户
设计师

2. 敢想敢为，做出惊人举动

下面举一个现实生活中真实发生的例子。

2011年10月6日，史蒂夫·乔布斯去世。就在他去世后不久，中国著名企业家潘石屹发表了一条微博，其中写道，希望苹果公司推出1000元以下的iPhone手机和iPad。这条微博发布后受到网友们的大力吐槽，大家直呼让潘石屹推出1000元一平方米的房子，潘石屹的这条微博已经对他及他的企业带来了非常不良的影响。因此，当时的潘石屹也急需要一个危机公关方案来解决此问题。

随后，有人在网络上做了一张带有潘石屹头像的“潘币”来讽刺潘石屹的这条微博，社会的舆论和民众的意见开始走向激化，并且不断地有人在网络上攻击潘石屹。那么这时候他会怎么办呢?

出人意料的是，随之他真的推出了自己的潘币，不得不说这是一个极具胆识和创意的危机公关策略。从此以后，网络上的骂声逐渐成为嬉笑怒骂，而后更成为一则笑谈。

这是一个成功的危机公关案例，其中需要太多的智慧和胆识。很多时候我们总是觉得没有创意，没有能够让自己或他人感到震惊的并且能够成功解决问题的方案，实际原因则是因为我们没有或缺乏创新的胆识和眼光。因此，在设计时大家要尽量放开自己的一些思维和想法，及时提出问题并解决问题，这样自己做出来的设计才能达到理想的状态，甚至是一鸣惊人的效果。

3. 学会方法，合理规划创意路线

在设计圈里流行一个词，那就是“头脑风暴”。头脑风暴就当下而言已经不再是一个陌生的词汇了，大家也都知道一些。

头脑风暴，顾名思义，就是头脑的一阵狂风暴雨般的思考。当然，头脑风暴可以是个人的一种行为，也可以是一个团队所产生的行为，随着团队人数的增加，其行为中所产生创意的质与量也会相应增加，把这种现象称为“N的平方效应”。

头脑风暴可以分为很多方式。但是就作者而言，头脑风暴并不存在所谓的绝对方式。下面就为大家展示作者经过长期的工作实战经验与分析得出的一套自我头脑风暴的方法。在讲解方法之前，先来说说头脑风暴的规则。

名称	规则
最终原则	所有创意在会议结束之前不可以对其做任何评价或者删除
参与原则	所有参与人员必须提出自己的创意，不论这是一个什么样的创意
数量原则	尽可能地散发出更多的创意
探索原则	尽可能地通过任意成员的创意散发出更多的创意思维

有了这些规则之后，我们再来做一个测试。在开始之前，先准备一些笔、一些能够写字的纸或者一个白板。下面为大家出一道题目，大家可以先拿出纸和笔，跟随作者一起思考和进行创意，最好叫上自己身边的伙伴。

苹果公司推出iPhone 5s系列了，他们找到了你，希望你能为他们拟定一个全新的消费口号，这时你会怎么做呢？下面就让作者带你来一起走过一个头脑风暴的流程。

在流程开始之前大家先在自己的白纸或白板上规划出3个内容板块和区域，分别为关键词板块、特性板块和创意板块。

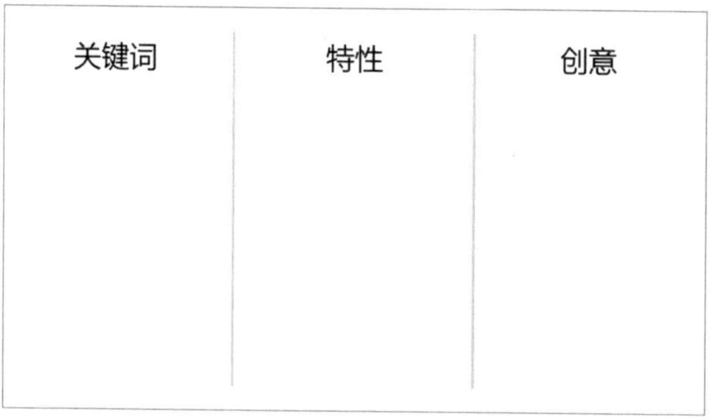

关键词	特性	创意

将上述内容板块划定好后，大家可以开始进行随意性思考。这时可以通过任意一个想法来衍生出一些其他的想法，并且将这些想法分类，然后写进之前所说的3个对应的内容板块中。如果是多人参与的话，大家还可以针对这个问题进行讨论，并且通过讨论相互引导和加以思维辅助，引出其他的话题和词语。

下面正式进入头脑风暴的流程。

第1步：寻找特质

通过对iPhone 5s系列产品的特质进行分析之后，我们试着尽可能多地写了一些关键词，这些关键词又可称为主线词，并做垂线排列。

关键词	特性	创意
金属 棱角 镜面 清晰 大牌 纤薄		

第2步：寻找特性

这里所说的特性实际上是针对用户所产生的实际利益点，这个点是产品的核心价值所在。寻找这个点其实并不难，我们只需要在生活中去观察这个产品给人们生活带来了哪些益处，并且将这些益处总结成文字信息即可。

大家在寻找产品特性的时候也可以从自己的个人角度出发，例如，在使用或者接触到这个产品的时候会感受到哪些直观的感觉，无论是正面的还是负面的，大家都大胆总结出自己的体会，这些体会将会在后续的整体创意中起到非常大的作用。

关键词	特性	创意
金属 棱角 镜面 清晰 苹果 纤薄	个人使用 手持 便捷生活 移动互联 时尚 高端	

第3步：创意

这一步相对初期来说是最重要也是最有趣的一部分。当然，这里面的创意并不是我们最终的创意，而是我们的创想思维。其实以往的很多头脑风暴的方式与流程是直接跳过了之前所说的第1步和第2步，而直接来到了这一步。这样的方式并不是不可以，只是作者认为在这样的情况下我们对自己的思维做最终定论的时候会在合理性问题上浪费过多时间，从而浪费不必要的成本。

那么，在这一步我们需要做些什么呢？这里作者为大家提供两种思考方式：联想与臆想。

联想，多指客观的判断。这里我们通过之前针对这个产品的特性提取出的关键词并结合产品实际来联想一些事物、画面或任意的行为等，这些联想可以是与关键词有关的，或者是与产品特性本身有关的，并且可以加上一些别人对产品的评价等。

臆想，多指主观的判断。臆想在思维过程中是最有趣、结果最容易让人出乎意料，并且也是最不靠谱的。这里需要给大家强调一点，很多好的想法都是从臆想而来的，而不单纯只是靠联想。

关键词	特性	创意	
		联想	臆想
金属	个人使用		
棱角	手持		
镜面	便捷生活		
清晰	移动互联		
苹果	时尚		
纤薄	高端		

那么臆想应该是怎么样的呢？臆想的方式很有趣，那就是天马行空式的想象，无论你想到的是什么都可以记录下来。大家现在可以看看自己身边有什么，或者有没有突然觉得自己想到了什么。例如，作者现在能看到手表、水瓶、酒、植物及香水等。这时也可以闭上眼睛，看看第一个出现在自己脑海中的是什么，或者可以打开一个网站，看看里边有什么你感兴趣的东西，这些都可以完整地记录下来，并且越多越好，往往我们很多创意思维都是在意想不到的地方被挖掘出来的。

经过以上描述我们可以看出，联想往往是和生活有关系的，而臆想可能是和生活完全没有关系的。当我们把这些词想出来后，可以思考一下它们对我们的创意到底有什么用。

关键词	特性	创意	
		联想	臆想
金属	个人使用	生活	美女
棱角	手持	优雅	跑车
镜面	便捷生活	完美	奔跑
清晰	移动互联	导航	电线
苹果	时尚	游戏	钱包
纤薄	高端	付款	钢琴

第4步，重组

之前我们经过了那么多的思考，延展了那么多的可能性，发现这些想法都过于发散，并且在某种程度上显得不切实际。这些想法就像尚未琢磨的玉器，能预见它潜在价值，却不能完整地向世人展示。

所以，接下来就需要将这些思维进行重组，重组的目的是将之前这些零散的词语理性地整理到一起，使之前的所有想法都能够合理性并且更加符合实际。在连线和重组的时候大家可以从右向左先连一遍，以此来验证一些词语的可行性；然后再从左往右做二次推理，来反向推理出更多的可能性。

关键词	特性	创意	
		联想	臆想
金属	个人使用	生活	美女
棱角	手持	优雅	跑车
镜面	便捷生活	完美	奔跑
清晰	移动互联	导航	电线
苹果	时尚	游戏	钱包
纤薄	高端	付款	钢琴

第5步：融合

融合是整个头脑风暴的最后一步。这里所说的融合并不是将几个词语直接拼凑起来就可以，而是在看到多个词语的时候脑海中能够构思出一个画面。当然，这个画面需要与我们的产品相关，并且最好能够融会贯通，然后再通过这个画面来形成一个成熟的概念。例如，我们看到跑车、优雅、高端和金属这3个词的时候，下意识地就会想到将手机与拥有高端科技的跑车相融合。就像很多汽车现在拥有将手机直接连接到中央电脑的功能和配置一样，也就是说，在现实生活中我们完全可以将这两个事物相融合。

经过以上头脑风暴过程之后，针对iPhone 5s系列产品作者拟定出了一个口号，那就是“iPhone 5s，驾驭荣誉人生！”当然，作者所拟定的这个宣传语或许并不是最合适的。但是相对一般的思维方式来说，我们成功有效地利用了一个方式得到了我们想要的结果，那就是创意。

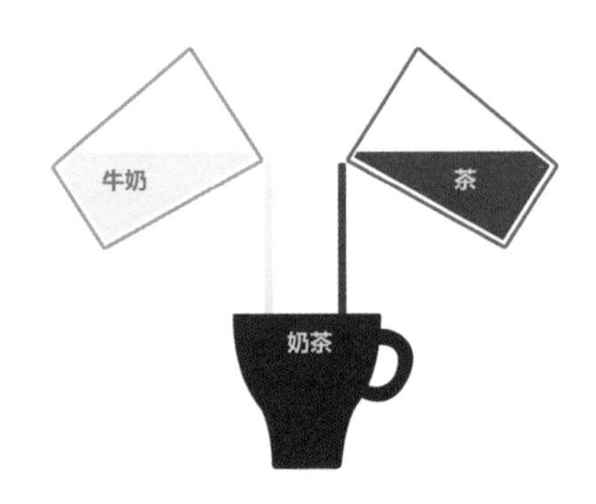

2.2 时刻拉紧的“缰绳”

之前讲过:“天马行空的思维，来自人们对美好生活的向往和对艺术文明的无上追求。”对于这一观点本身是没有问题的。但是，身处设计行业，工作性质决定了我们必须在一个有规则或是一个限定的环境条件下完成工作。

设计品并不是艺术品，设计和艺术有着很大的区别。艺术品是以观赏性为主的人类艺术产物；而设计品，基于其本质来说，必须是一个实用性更强的产品。艺术品可以没有一个固定的价格定位；而设计产品往往是具有一定市场参考价值的。因此，在设计与制作产品的时候，要时刻拉紧自己手上的这根“缰绳”，让那些天马行空的思维控制在我们规定的范围内。

作者在英国的某一个电视节目中听说过一个关于汽车与艺术品的理论:“汽车再漂亮也永远成为不了艺术品。”这个理论也是作者在大学上课的时候经常听到的。任何产品再漂亮再精致，都不可能成为艺术品。

下面再来看一些更加近似艺术品的东西。中国古代的手艺人对普通物件的手工艺制作水平极高，令现在的人们也为之惊叹，比如留存在世的一些雕刻艺术品和瓷器等，其中最难分辨出其是艺术品还是设计品的当数瓷器了。

最初，中国古代的瓷器就是作为盛水或盛放食物的工具，经过历史长河的发展，一路演变，从材质到造型越来越上乘，越来越漂亮，最后几经变革，美观度与精致度也越来越高，以至于很难区分出其到底是艺术品还是设计品。

那么，在实际生活中如何来分辨它们呢？其实答案挺简单，单纯用来欣赏的瓷器，就能将其定义为艺术品；而针对更具有使用价值，并也具备一定美观度的瓷器，我们将其当作生活工具来看待，而不是艺术品。

再来给大家举一个例子。大家看下面这两张图，同样是餐具，但是它们的价值却完全不一样，前者由于历史原因，或许在当时的朝代会被作为一件产品，一件通过设计而得来的工业产品。但是到了现在，它就成为一件我们都向往的艺术品，理所当然，知道它价值的人也就不会将它用来盛食物；与前者相比，后者这些瓷器与前者在材质上看并没有太大的差别，仅仅是在工艺和年代上有所区分。但是后者我们也只能将它看作一件设计品。不过经过多年以后，或许这些产品也能成为艺术品。

经过上边的阐述我们便开始产生疑问，为什么在古代被简单地视为生活物件的产品，到了现代却完全转变了身份，成为了艺术品？

根据这个问题会产生另外一个疑问，设计师和艺术家之间的差别是什么呢？或者说，设计师设计的产品和艺术家制作出的作品是否会有一样的价值呢？

大家看一下工业设计史，一个成功的设计出现后，在当时没有人会将它当作一个艺术品，而是将它看作一个实实在在的产品来使用；过一段时间后，当它失去使用价值或者变得稀缺的时候，它的价值体现就会由使用价值转向观赏或者收藏价值了，这时它的身价或许会上升到一个我们意想不到的数字。

从这一点不难看出，作为艺术品，我们可以随意地、天马行空地进行设计，因为它的作用就是用来欣赏，这其中的定义非常明确。当我们在呕心沥血地创作或者发现一个艺术品的时候，是不需要去思考它的使用价值的，而更多的是去考虑它的观赏价值与收藏价值。我们在设计产品的时候就不一样了，需要时刻保持清醒的头脑，在保证尽量美观的同时，更多的是去考虑它的实用性。

可以用一张图来解释艺术家与设计师之间的思维差距。设计师往往需要的是如何合理地将一个设计需求排布合理或是设计美观，而艺术家需要考虑的问题则完全不一样，他们往往需要想到的是如何在自己的作品中体现自己的艺术价值和水准。这两者有着本质区别，这时我们会发现，其实设计和艺术根本就是两件事情。因此，在做设计时必须时时刻刻提醒自己，自己是设计师，而不是艺术家。

那么这时候有人就会有疑问了，有没有某个东西会同时拥有艺术品和设计品的性质呢？答案是肯定的。这时再来看上面说过的一件艺术品。再细说之前我们先来模拟一个场景，倘若我们一边欣赏这件艺术品一边用它盛放食物的话，这时候它是艺术品还是产品呢？

这个问题不难回答。那就是，当你使用它的时候，它是一个产品，而当你去欣赏它的时候，它又成为了一件艺术品。但是，它的价值却是不变的，针对价值而言它就像绘画艺术和书法艺术一样，很单一的，就是用来欣赏的。

这样，我们就能得出一个明确的结论了。一件物品到底是产品还是艺术品，是根据功能区分来定的。这里就是为了要告诉大家在做设计的时候为什么要时刻拉紧“缰绳”的原因，因为我们设计的产品当下是需要实实在在给用户使用的。

说到这里，有必要讲述一下当前设计师行业的现状。这里先举个例子。当设计师们好不容易完成某一个公司的设计项目的时候，设计师们可能常会说：“我觉得这样好看！”“我觉得这样合理！”“我觉得这样能吸引客户！”而此时此刻，老板或客户却有可能会说：“我觉得这样不靠谱！”“我觉得你不懂设计！”其实这样的情况并不奇怪，就算是经验老到的设计师也可能会经常遇到这样的情况。

下面介绍一下设计行业的大环境。就单纯地从设计师平台来说，国内较为知名的有iconfans（现改名UI中国）、zcool（即站酷网）及网页设计师联盟等（不分先后排名）。这些平台开放性较强，并且在国内拥有一定的人气和聚集力。也可以说，在这个行业里这些平台都算是数一数二的网络平台。针对UI行业而言，zcool和网页设计师联盟是更为开放的平台，这些平台分享的内容包含UI、插画及游戏等行业的相关知识；国外设计师平台比较出名的是国人也趋之若鹜的dribbble和behance等，这两个平台相较而言，behance更自由一些，而dribbble走的是会员制度，但dribbble平台存留的设计师水平也更高一些，并且业内口碑也不错。以上所述的这些网站多多少少都支撑着设计行业的一些企业项目，而且又是行业的风向标，在很大程度上代表着行业的前进方向。

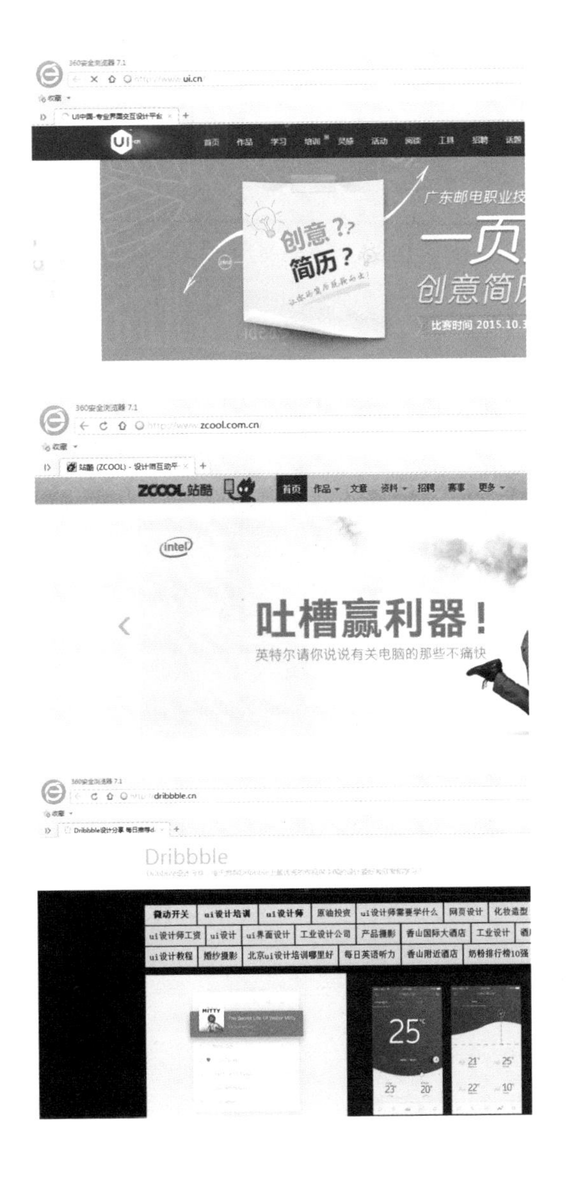

那么，行业内的具体现状是什么样的呢？这里需要分两个方向来说。如果你是在一家大公司，譬如BAT（B=百度；A=阿里巴巴；T=腾讯）做甲方，人员相对充沛，那么恭喜你，你的设计压力会小很多。因为在这些公司做设计，从决策、运营一直到交互，都不需要你来担心，你只需要按照已经规划好的方案认真地做好就可以了。内部提案相对来说要简单很多，综合压力也会比一般公司要小一些；如果你是在设计咨询类的乙方公司的话，那么你很可能就不只是一名设计师了，在这里你可能同时还要做甲方的市场、产品经理、销售、交互和视觉等一系列工作。而且，如果最后项目中涉及开发的问题，你还得学习开发相关的知识，而且这还只是针对条件相对较好的咨询公司。如果遇到条件相对较差的，团队不够完整或团队人员水平相对不高的话，工作难度也会成倍增加。再来说说提案，咨询公司的项目提案一般走的是商务程序，从提案一直到定稿，是一个复杂并且能够让人发疯的过程。这种情况作者亲历过很多次，而且面临的是很多大客户，例如，华为、腾讯、联想或是各种银行公司等，都是非常难以应付的，其中的苦难折磨，在这里就不便多说了。

下面讲一个故事。古时候有一个人，他是一个军械摊贩，上有老下有小。为了谋生，他必须努力工作，打造出很多好的兵器去卖。镇上有一条宽大的市场街道，他每天都去，起早贪黑，背着沉重的武器去抢最好的摊位。但是他发现他的武器总是卖不出去，于是他便开始寻找一些新的办法。迫于无奈，他开始在市场上大声吆喝：“瞧一瞧，看一看了啊！我这里有什么都刺得穿的矛和什么都挡得住的盾啊！走过路过千万不要错过啊！”

没错，这就是“矛和盾”的故事。这里之所以给大家讲这个大家都熟知的故事，其实就想印证一下现在设计行业的一个非常现实的状态。客户就是那个军械贩，军械贩们起早贪黑，上要养家人，下要养公司，抢占到了市场先机，并且拥有质量足够好的产品，但是销量总是和自己想象的有差距，所以，他们的压力是巨大的。为了能够把自己的产品及时推销出去，他们往往会使出一些不恰当的推销方式，就如军械贩所喊出的口号中矛与盾的关系。他们不懂得如何营销，很多时候东西卖不出去的原因可能并不完全是因为产品不够好，而是因为他们喊错了口号。

因此，大部分设计师的工作，就是教会用户如何“喊口号！”。

大部分客户对设计的理解其实都像一张白纸，他们几乎都不知道其中的方法论，没有系统地接受过美学教育。当然如果你遇上一个学过美学或者学设计出身的人，沟通起来就方便多了，但这毕竟是少数。就作者的从业经验而言，大部分老板们都没有这方面的知识，但是这些老板却又有很高的控制欲望，他们希望并且经常会干涉设计师的一些想法和设计，但是他们却又同时希望设计师们能给他们一个好的反馈结果，这就是我们在做设计工作中会遇到的一个“矛与盾”的现象。

那么，我们应该如何对待这样的客户呢?

首先，大家需要端正态度，谦虚谨慎，戒骄戒躁，一步步来提高我们的设计水平，多积累理论知识，再将理论合理地运用于实际。将这些都做好之后，再想想如何去和客户进行沟通。

当我们在做一个设计时，往往会被客户问到的一个问题就是："你为什么要这么做？"有的时候很多人会建议你："随便忽悠一下就完了呗！"如果你这么想，那就大错特错了。作者会用各种方法去给客户解释。但是，设计往往是无法做具体形容的。所以，我们的解释往往显得苍白无力，也很容易被反驳或者自我语塞。那么，到底具体应该怎么做呢？

方法其实很简单，那就是参与式提案。参与式提案的方法有很多，这里以一个最典型的方法进行说明，比如情绪提案方法。在制作一个产品之前，通过与客户的沟通可以得到客户对产品的一些需求，如颜色、质感及图案等。通过之前得到的信息设计师一般会找到一些切合主题的图片，可能是几十张或者上百张，然后引导客户选择出他们认为合适产品的场景图片或材质图片，接着提取这些图片中的颜色或材质表现等信息，作为接下来产品中的设计方向。这时候有些设计师给客户提供一些已经做好的设计稿，但一般不提倡直接给客户提供设计稿，因为这样会误导和限定客户对产品理想效果的分析与判断。根据客户选择的各种图片来制作出一些设计方案，如此得来的方案相对来说会更有说服力，因为这样做可以让客户参与到这个项目的设计过程中。这时候我们在某些方面，已经将设计与客户的需求做到了最理想化。一般来说，这时候没有哪个客户会轻易反驳和推翻设计师的想法，从而出现再次大幅度地更改方案的现象，那么接下来设计师与客户各个方面的沟通会顺利很多。

当然，我们也不能完全依赖这些方法论。最重要的还是多与客户进行沟通，获悉他们的真实需求。与客户沟通的时候不能单纯地只通过一些简单的方法论进行指导，关键是时刻让客户保持理性。

上述就是想要入门的设计师需要做的一些前期的准备，以及对自己的职业素养的培养要求。作为一名合格并且优秀的设计师，不仅需要拥有活跃的思维和天马行空的想法，还要时刻拉紧"缰绳"，保持理性，并且把握好"天马行空"的方向，真正能做到理性的判断和合理的思考。

2.3 如何表达你的想法

如何表达你的想法？想必很多设计师们都遇到过这样的问题，在做设计的时候感觉总是想法颇多，但是一旦到了需要提案或需要向老板或者客户阐述自己的设计理念和想法时却不知道该如何去表达。

设计提案并不是简单地把方案提交上去就可以了，还需要做一些情绪的表达和设计灵感来源等的阐述。在做设计提案时首先要从产品本质上寻找设计的理念，单纯的美观和漂亮，不能完整地解释我们的设计，因为每个人都有自己不同的审美标准。

那么，具体应该如何去表达设计理念和想法呢？

首先，在做设计之前需要整理好自己的思维。也就是说，在做任何一个设计时，都需要有自己的设计理由、自己想要表达的理念，而不是胡乱设计。在此之前，我们需要不断地学习和练习来充实自己，多看一些与设计相关的书，多看一些有利于发散思维的图片，这样灵感才容易产生，才能为设计做好准备。

其次，表达需要口才。在提案的时候我们如何利用自己的口才去将自己的想法和理念呈现出来？如何去说服老板和客户？那就是思维模式的运用。当我们在描述一个设计理念的时候，不是单纯地靠说得有多快，或者描述得多有趣，最主要的是要保证思路明确，是否能够快速完整地叙述出我们的想法。或者从另外一个层面说，更重要的是需要还原一个故事，还原一个设计品与用户的故事，以此来打动老板或者客户。

那么，在设计中什么样的东西能打动人呢？无论是在生活中还是电影中，能打动人的一定不是理论，不是干涩的镜头，不是绚烂的设计……那到底是什么呢？

相信大家都看过一部叫作《泰坦尼克号》的电影，在提及这部电影的时候也相信大家对泰坦尼克沉没的镜头都记忆犹新。因为就当时的电影特效技术来说，那些沉没的镜头实在是太真实了。作者还依稀记得巨大的螺旋桨落下时的那种视觉冲击感，对于当时对视觉特效并不太了解的国人来说，这些效果的确太具有冲击性了。但是作者相信，单靠这些镜头并不足以让国人对这个电影印象如此深刻。令作者记忆最清晰的画面，并不是那些令人震撼的视觉效果，而是那些故事的关键点。如两个主人公在船头张开双臂飞翔的画面，以及女主角把海洋之心钻石扔进海里的画面。这些画面，与大场面毫无关系，而与之相关的，是这部电影的故事。也就是说，一个好的故事往往能够真正抓住人心，并且能够让人对这部作品产生一种从心底的认可及赞许。

这里之所以给大家讲这个故事，是希望大家能把这部电影与我们平时所做的设计相结合，这样很容易就能找到其中的共同点。例如，电影中那些绚丽的镜头，就是设计中所谓的漂亮的、新颖的或是客户没有见过的东西，这些效果往往能够给产品带来很好的效益。但是大家要知道，电影只是一个供大家观看和欣赏一段时间的故事，而设计品是需要长期出现在用户的生活中的。单纯的视觉感受无法满足用户对产品的需求，同时也无法应对如今激烈的市场竞争。就像现在，大家未必会像曾经那样惊叹电影《泰坦尼克号》中有多么优秀的视觉效果了，因为市面上已经出现了无数有比《泰坦尼克号》更加优秀的视觉效果的电影。

那么，应该怎样去讲好一个产品故事呢？这里以一个中国著名相声艺人为例，这位相声艺人，长得不算出众，嗓音也不具个性，故事也没什么新意。

可为什么有这么多人喜欢他呢？很多时候，我们只顾着讲故事，而忘记了讲故事的意义是什么、故事的重点是什么。故事最重要的，并不是你怎么去把故事中的人和事描述得活灵活现，而是如何通过一个故事让你倾诉的对象为之产生共鸣。

那么现在大家可以仔细想想这位艺人为什么会这么受欢迎。他习惯带动场下观众与他产生共鸣，让大家感到他很亲近，同时让大家觉得他所讲述的事情能够真正贴近我们的生活。大家之所以愿意花精力去听他讲述这些东西，是因为他带给观众一个很重要的利益点，那就是快乐。

说到这里，我们如何将这些原理运用到我们的产品故事中呢？

很多设计师在与客户交流的时候总喜欢说自己的东西是时尚的，是符合市场的，并且会拿出一系列的竞品作为展示等。这样的方式是可行的，但是属于一种相对较弱的表达方式。对于一般的小客户，这些方式或许管用。但是对于一些大型项目的客户，这些设计理念和想法可能就会显得略显枯燥了，并毫无新意。因为他们想要的不单纯是模仿一个大牌的设计或完全按照他们的形式来做，高端产品的客户更加希望自己的东西是特殊的，所以，必须换个思维和方式来解决设计问题。

针对产品的理念与想法分析，可以从以下几个方面入手。

* **包装**

所有的设计都是在包装一个产品。因此，我们需要的不仅是这个产品包装得漂亮，并且要合理，这是在设计之初就需要考虑到的先决条件。例如，在设计一个App产品的时候，首先需要关注用户的需求点和喜好，这里的包装所指的不仅是对产品本身的包装，同时也是对自己设计理念的包装。所以，在设计一个产品前要结合用户研究部的意见。如果没有用户研究部的分析报告，我们也要尝试自己去深挖用户的需求。之后，还需要和交互设计师多沟通和交流。因为在项目具体实施的时候，往往会出现逻辑交互和视觉交互两个交互方向，但是他们的目的都是相同的，都是为了将设计方案做得合理并且相对之前更有改观。因为客户希望的是我们设计出来的东西是有实际改观的，而不是单纯地好看或一纸空谈，当我们真正对客户所要求的东西有实质性的改变时，在提案时需着重把这些改变都说出来。

* **理性**

客户希望的理性并不仅仅是理性的设计，而是理性的判断。可以想象下图中所示的3个界面上的内容是相同的，只是在布局和样式上有所区分。在颜色搭配上，我们必须有一套标准的参考和定义，也就是说在设计的时候需要将这些颜色的一致性和延续性保持下去。如按钮的颜色统一、标题栏目颜色统一及文字颜色的统一，等等，这些分割和排列就是设计时所需要的理性。另外，在设计的同时还应考虑如何将界面扁平化处理，让整体布局合理规范，这样设计出来的产品才会显得简洁易用，并且具有说服力。

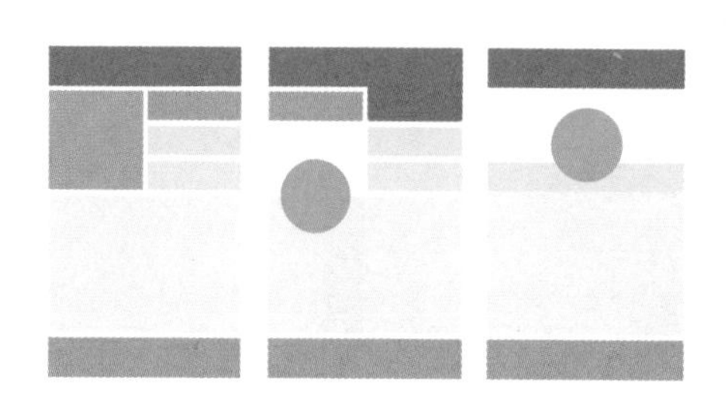

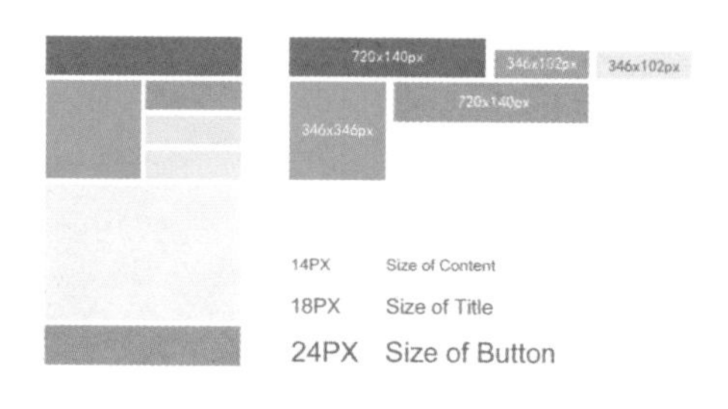

* **规范**

很多时候一些经验并不丰富的设计师做出的设计可能在视觉上效果还是不错的，但是总感觉缺少些什么，这便是细节上不够规范所造成的。很多时候我们在做设计时总是习惯关注产品本身漂亮与否，而忽视了设计规范这个非常重要的要素，如按钮的尺寸与大小、文字的尺寸大小等。这些规范能够检验设计师的设计功底和对项目的专业性。同时，这些规范也都可以在与客户沟通的时候直接体现出来。

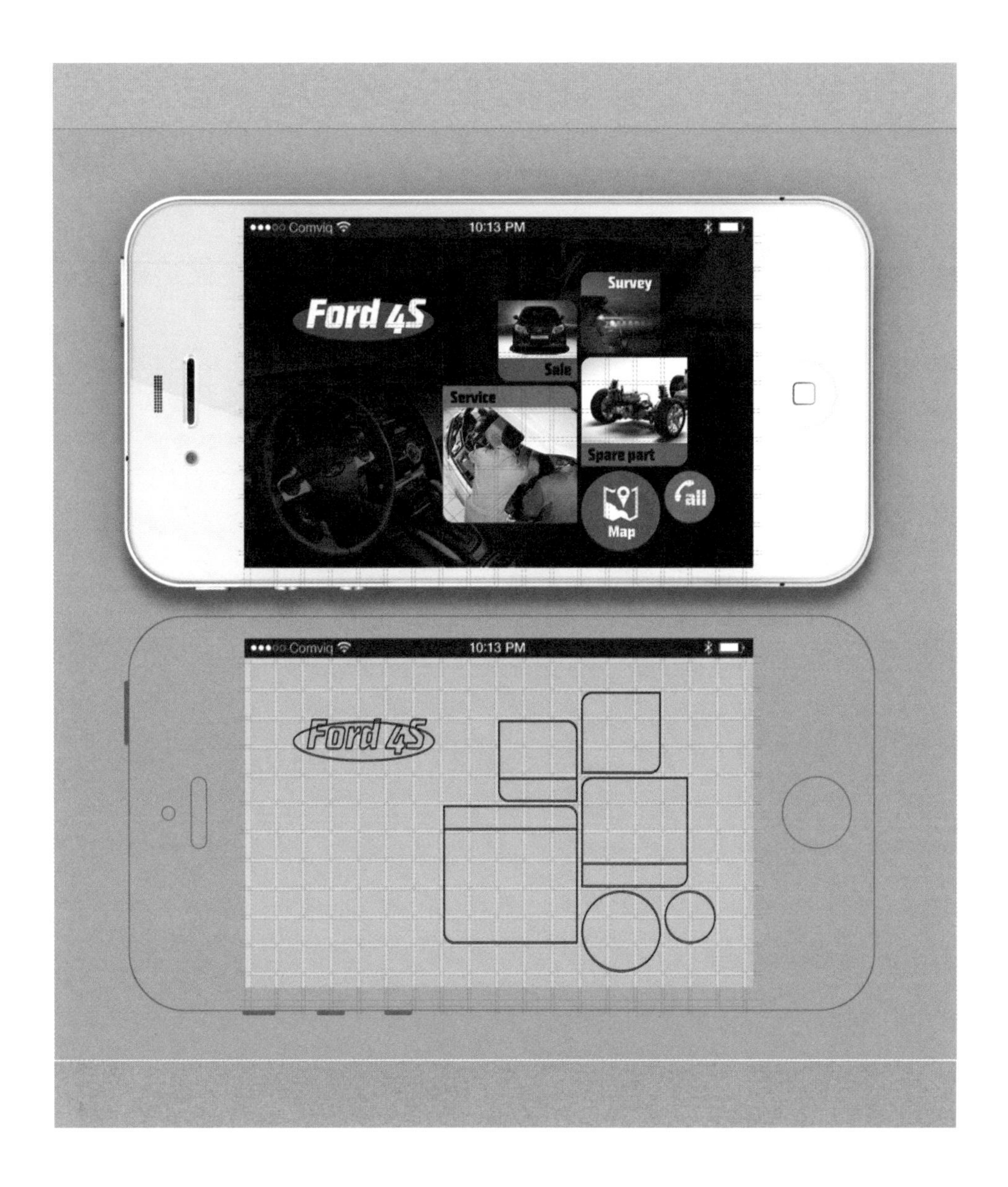

* **理念**

理念，是提案时最不好表达的一个东西。理念并不是具象的颜色、大小尺寸及规范等，而只是一个概念化的东西。

不过，理念可以从我们生活中各种各样的事情中积淀出来，并作为设计时所需要的灵感源泉。例如，自从乔布斯的理念风靡全球以后，许多设计师的设计理念都开始向着乔布斯的设计理念靠近，也就是简洁、直观及完美等。而这些理念在设计中都是非常实用的，比如对于内容的排列或是对于界面的简洁化处理，这些都是我们能够真正去打动客户或者是用户的关键点。而且自始至终，设计的灵魂也来自于理念。因此，在提案之前一定要想好和做好如何去表达清楚自己的设计理念的准备。

2.4 如何把想法付诸实践

在做设计的时候，设计师们往往会有很多天马行空的想法。当然，拥有天马行空的思维模式对于设计师来说是一件好事情，但是我们要明确的是，无论在什么时候，天马行空的想法都是一种偏向于主观的思维模式，如果想把其付诸实践，在设计中成为动态的、能够操作的产品，那么在一开始就要学会结合实际看问题，例如，每个按钮单击后会有什么样的效果，呈现什么样的界面，因为这是产品在实际使用中用户体验很重要的一部分。

把想法付诸实践，那么在设计中就会涉及产品开发和效果图切片，这是每个产品不可逃避的工作部分。就像许多工业产品一样，从图纸到3D建模再到模具走向生产，每个产品都要经历一系列的再设计和重置流程，从整体走向局部，从外部走向内部，从平面化走向立体化，从模拟化走向实际化，这就是开发工作。

因此，交互是“骨骼”，设计是“表皮”，那么开发便是“内脏”。“内脏”支撑着一切设计活动的基础，像程序架构一样的“内脏”体系和生态组成了人体的基础，前台代码或链接就像“血液”，承载了一切架构之间的养分与流通，这一整套机制严格地执行和运行就构成了一个完整产品。

在设计工作过程中，能把最开始的设计想法付诸于实际的，就是下一阶段很重要的一部分人群——程序员。

作为高智商灵长类动物，程序员需要将设计师的想法制作成为真实的产品，设计师设计出来的东西往往是静态的图形或样式，而这些东西存在的意义在于程序员是否能把它们真正实现成产品，同时这些东西也是决定一个产品方案是否能通过的重要依据，当决策层认同并通过这些方案之后，设计师就需要和程序员密切配合，将产品真正实现出来，这就是我们所说的开发。下图所示的这些内容或者按钮，在设计稿上其实都是不能变化和操作的静态图片，只作为一个参考来使用，而后续则需要再根据静态图片做进一步的修改。

这便是开发前端与设计之间的联系之处。开发本质上就是把静态的东西做成能够操作的界面，搭建出一个有效并且有用的数据库，来控制和管理这些数据。

一般来说，当项目的交互阶段确定后就可以开始开发工作了。这时程序员可以通过交互稿迅速了解整个项目的具体内容和具体的交互方式，并且可以在视觉设计开始的同时开始整体的开发工作，这也是交互设计其中的一个意义所在，前期的交互框架及交互页面确认好了之后就可以开发出低保真原型版本的产品，这样对于整个产品实现的过程来说可以压缩接近一半的工作周期。

直到这一步，整个设计才完整地走完了整个流程。从用户研究到交互设计，从视觉设计到最后的开发，这是一个App产品整体的流程。这个流程不单纯地适用在App的设计中，在大部分设计行业中都是适用的。

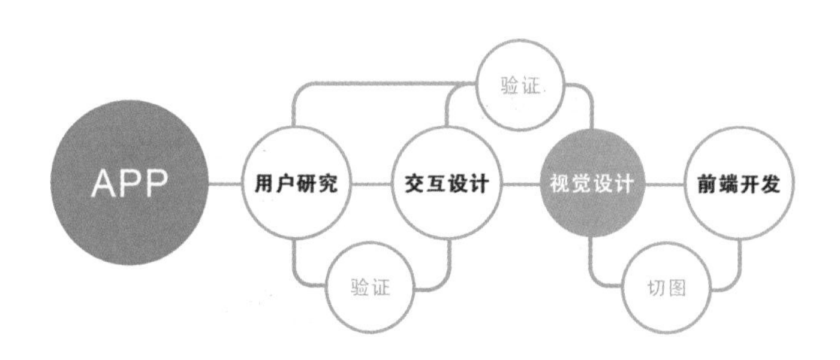

下面作者还为大家介绍了一个App整体的细节设计流程。这里也可以看到在每个设计阶段我们都会和相关人员进行一些校验工作，确保设计出来的产品和用户的整体需求是一致的。而大多数时候设计师在设计中之所以会偏离产品方向或者偏离设计思路，是因为没有很好地与每个环节的人员进行充分的沟通与交流。当然，除去这些理性的数据性研究结果，设计师对于用户群体的喜好判断也同样重要，再细致的研究报告也不可能做到面面俱到，真正需要落实到每个设计中的东西还是需要设计师给出一定的自我判断才行。

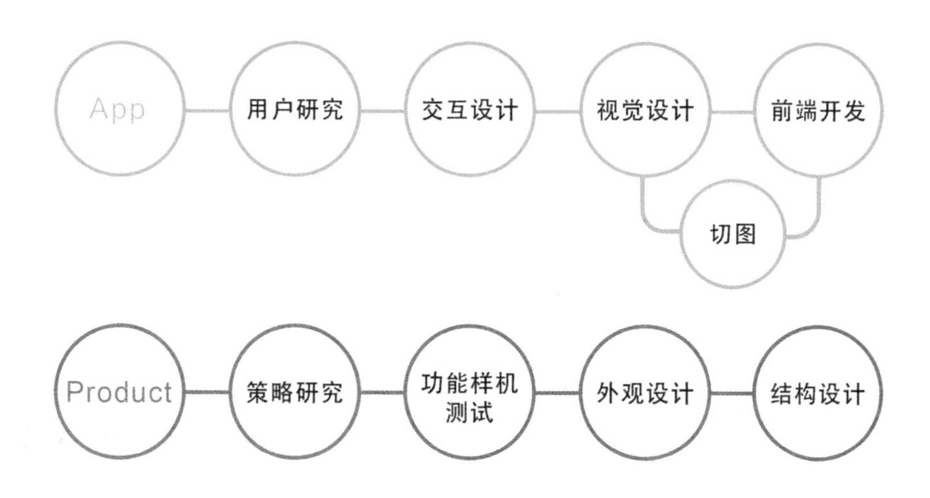

每个设计师都需要拥有一个天马行空、能随时产生头脑风暴的脑子。在商业设计中，一个设计项目从开发到实现，这个过程中的每一分钟、每一个小时都是在消耗金钱，因此，如何保证更快、更准确地产出，更好、更实际地设计也就成为商业社会中生存立足的根本。正如作者所说，设计品不是艺术品，它是有使用价值的，而我们的工作也是能够被市场量化的，因此，准确、高效、美观及卓越等这些要求也就会不断重复地出现在平时的工作当中。

2.5 实用是设计的根本

说完了设计的整个流程，作者想要带大家思考一些问题，或者更加轻松地去回忆一下整个设计的目的。现在，太多的设计概念及设计方式充斥着现在的设计行业，很多年轻的设计师往往会迷失于这些所谓的概念中，同时也会对自己的设计产生很多疑问，甚至一度认为自己的设计总被改来改去变得没有意义。

下面从石器时代开始说一下。

人类的文明起源于什么？人类的文明起源于人类开始懂得使用工具，这证明了人类拿到了高等生物的门票，所以，可以说人类文明起源于人类学会了设计。

在石器时代之前，人类捕食是一件难上加难的事情。人类的祖先要赤手空拳和不同的生物搏斗，如果遇上相对瘦小的生物还好说，如果遇上猛兽之类的生物，根本难以对抗。因此，随着人类文明的进步，人类开始使用工具，如石头和木头，他们学着抓起这些东西扔砸猛兽和御敌。慢慢地，人类开始发现石头的好处和作用，便开始试着将石头充分利用起来。

到了石器时代，石头可以被用来制作各种不同的工具，如锤子、斧子及刀等。这些原本是地上随处可见的石头被人类加以利用后变成了能够用来切割食物或打磨东西的实用工具，而且当时的人们是主动去对石头进行加工和设计的，让它们成为一个能够使用的工具。

那么为什么石头会成为实用的工具？其实实用的意义很简单，就是有价值。我们的祖先从需要石头，到发现了石头的作用，再到学会如何运用石头制作工具的方式，这便是把石头作为一个产品设计出来的过程，也是其实用价值得到实现的一个过程。因此，在设计每一个产品之初，都必须想想它自身的价值是什么，它产生的意义是什么。作者在之前也给大家讲解了设计的目的，这也是设计目的的核心内容之一。将每个产品回归到本质，再探究每个细节的意义，才能真正做出有说服力的优秀产品。因此，产品的实用价值相对于视觉、交互而言，它高于视觉和交互，视觉与交互是基于产品实用性基础上产生的，这便是产品的真实意义所在。

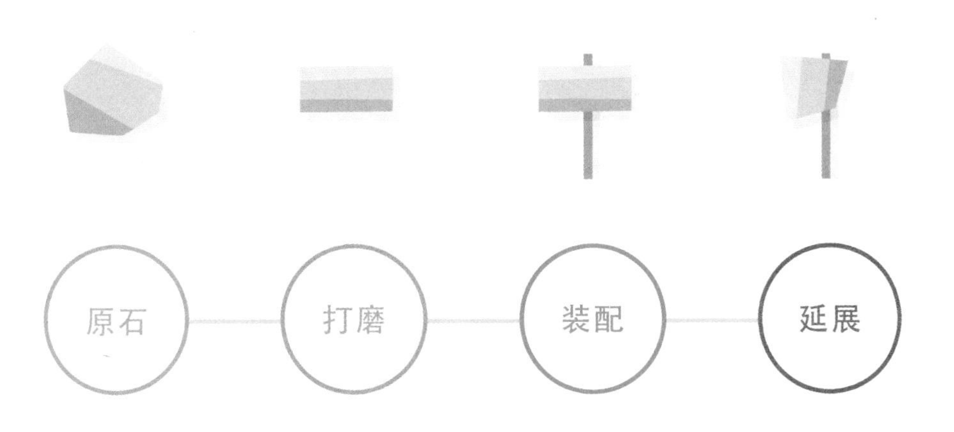

因此，这里希望大家能明白，做设计，并不是单纯地将产品设计好看就可以了，更需要的是理解一个产品为什么被设计，这个产品的本质是什么，时刻把握产品的需求及用户要求，用更多好的想法做出极致的用户体验。

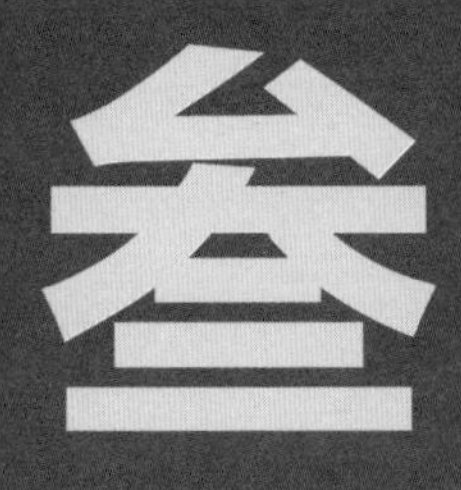

分析用户心理

——让设计直戳人心

- 时刻脱离自己，让自己人格分裂
- 解析设计元素，做到合理化设计
- 找准用户需求，敢于做出合理化提议

App DESIGN

如果我们把整个产品视为一个人，那么可以说，用户研究就是人的大脑，视觉设计就是人的长相和肤色，交互设计是人的骨骼和筋络，开发就是这个人的五脏六腑。用户心理就像是整个产品的大脑，控制着整个产品的方向和内容，因而在产品设计中用户研究起着至关重要的作用。好的界面设计对于产品而言，它的优化规律就应该是以用户的心理为导向的。视觉设计是面对用户的一道窗口，它是有规律可循的，而不是杂乱无章的，我们去判断一个视觉设计的美观的时候是见仁见智，但是去判断一个视觉设计产品的合理性的时候一定是客观的。那么，我们的视觉设计也应该更多地依靠分析和判断用户的心理来做，而不是一味地凭主观判断就可以的。所以，作者将会在本章为大家着重讲解用户需求和视觉设计中的一些规律，让大家对两者有一个更合理的把握。

3.1 脱离自己，让自己人格分裂

在做设计时，很多初入行的设计师都容易犯主观臆断的错误，都习惯性地从自己的角度出发，而往往自己的主观理解和客户或者用户真实的需求存在着很大的偏差。

一般情况下，设计师对产品的体验思维往往是比较局限的，而且通常只会收到一些类似项目经理、产品经理或是老板的一些建议或反馈。这些人的建议或反馈同样也可能会带有一部分自己的判断在里面，再加上很多时候沟通不到位，因此，很容易产生设计跑偏的现象。而且有时候，甚至会有一些更加糟糕的情况出现，如自己设计的东西获得了经理或客户的认可，但是却没能获得用户的认可。这种情况可能是客户或产品经理在一开始就对产品的本质或用户的需求存在一定的曲解，同时大部分是自己做出的主观判断，而这些判断被传递到设计师时，错误就会越发显现出来。

在设计工作中，用户研究人员的工作就是研究出这些本质性的问题，从而能够给设计师一个客观准确的判断，达到真正理解用户需求并引导客户根据企业性质做出正确的判断。

可以这样来说，审美是每个人的，但是趋势是大家的，这便是设计整体应有的状态。就像一千个观众眼中有一千个哈姆雷特，每个人的审美不一样，因此，每个人对设计的理解也不一样。但每个群体总会有自己相对稳定而统一的审美标准，正如有一部分人喜欢交响乐，有一部分人喜欢流行音乐……这都是不同的人群存在的一些相似相近的特质，而这些特质也同样适用于App产品。

因此，大部分产品都拥有自己特定的用户群体，没有任何一款产品会适用于所有人。以“腾讯QQ”为例。大家对这个产品的印象是它几乎可以适用于一切人群，但是真的是针对所有人群吗？答案必然是否定的。首先QQ的绝大部分市场主要是在中国，这也就排除了很多外国用户。也就是说，腾讯在制作这款产品的时候，需要首先针对中国的用户来开发，同时需要针对不同平台的不同用户群做出不同的产品区分，例如，安卓用户、苹果用户、微软用户及苹果电脑用户等。

那么接下来的工作，就是要根据用户调研的结果，结合自己的经验和判断做出自己的设计方案，其中最重要的一点就是要摆脱自己的主观判断。所以，如果想真正做好一个产品，设计师必须从用户的真实心理出发。作为设计师，也要学会如何去融入到用户群，并且了解他们的真实需求，或者说在这时候如何脱离自己，让自己产生“人格分裂”。

这里所说的人格分裂，并不是说设计师真的让自己变得与用户一模一样，那样只会使自己对设计失去原有的判断。实际上，用户希望看到的设计是，拥有自己喜欢因素的同时能够提升自己的体验感。而且，我们做的设计大部分是从无到有的过程，而用户只会用主观的判断来分辨我们的设计，所以，设计师要去观察用户人群的喜好与关注点。

这个要求对设计师来说其实是相当苛刻的，因为它需要设计师在关注用户对产品的需求的同时，又要将设计做到能够引导用户，这也是考验设计师是否优秀的一个重要条件。

下面作者以一个实例来为大家讲述一下如何挖掘用户的心理需求。在这里，我们需要设计一款针对10~16岁儿童与青少年的App产品，这个软件的功能是让他们能够收到来自老师布置的一些作业或是学习安排等学习内容。

设计师看到这个案例的时候，首先可能会着手调查现阶段的青少年的一些喜好特征，以及他们的兴趣点，而且这些东西或许能够从用户研究的报告的结果上得知；然后，设计师就可以使用之前所介绍的一些类似情绪版的工具来确认他们的一些喜好特征或兴趣点；最后再从网上搜集一些图片来证实和检验用户研究人员所得出的报告结果。

作者在这里也做了一个调查，发现目前10~16岁的儿童与青少年喜欢一些类似愤怒的小鸟、英雄联盟及海贼王等游戏动画内容。根据调查可以大概了解到他们更加喜欢卡通或游戏风格的一些东西，所以，设计师要做的就是应该多观察这些东西的特性，“分裂”掉自己平时的一些不同的审美，以一个用户的角度或者是以一个现阶段孩子的角度与心性来调整自己对于产品设计的判断和理解。

10~16岁孩子们的喜好

愤怒的小鸟

英雄联盟

海贼王

另外，设计师在工作中可能会涉及各种各样的项目，这些项目又都有自己的特性。因此，设计师在对用户需求进行分析和挖掘时，要时刻脱离自己，保持自己处在自由的状态，多站在用户的角度考虑问题，才能够设计出更加实用并且迎合市场的产品。

3.2 解析设计元素 做到合理化设计

所谓没有规矩不成方圆，把握好设计规范是做好设计的先决条件。在每一个设计当中，是否遵循设计规范这一项决定了产品整体的质量高低，例如，文字排版上的一些基本规范和要求、图形图像的排版与布局，以及交互方面的一些基本规范和要求等，这些在做设计之前都需要有一个系统化的学习，才能保证做出符合用户需求的好设计，同时保证产品更加高效地被实现出来。

3.2.1 了解红花和绿叶的关系

可以将设计元素分为三大类：图片、按钮和文字，将一些图和相关的文案结合在一起，并合理地排列与分布，最后添加一个按钮，就组成了一套比较完整的视觉设计。

从这三者中我们来简单分析一下它们各自的功能。首先是图片，图片对应的是产品信息、产品特征和产品属性等说明，这是图片的基本功能；然后是按钮，按钮对应的是流程操作、查看及功能介绍等；最后是文字，设计中的所有文字基本上都是作为产品介绍或是为厂商做介绍。这三者联系在一起便是一个整体的产品购买、操作及功能介绍的整体流程。其中，每个元素都有可能相互替代，又能互相依存。

之所以给大家介绍这么多，原因只有一个，我们要充分了解和学会运用设计元素之后，最终才能通过这三者之间的一些细微的设计引导用户的视觉焦点，让用户使用起来更方便，同时得到更好的视觉享受。

看似简单的设计往往并不简单，因为越简单的设计往往越难做，可能很多设计师都听过这句话。没错，有时候一些相对复杂的设计却往往比简单的设计要好做很多，而最精到的设计方式是将复杂的东西简单化，这就要求设计师对产品和用户有更好的把握。

大家应该都知道设计中有黄金比例这个说法，在此设计中作者运用的就是黄金分割螺旋元素。通过这种螺旋元素来排列和整理出页面效果，将页面内容规律地排布在这个框架下，这样制造出来的设计效果不管是在视觉上还是在设计美感上，都具有十分出彩的地方。同时，当排布设计在有所依据的情况下，排版也会变得更加简单，并且更有效率。

当然，在设计中排布的方式方法有很多，并不仅仅只按照这种方式来才行。在做一些其他设计的时候，还可以以一些辅助线、参考线或标准单位等方式来将设计做得美观、整洁和合理。

图中3个不同的平台界面上面显示的是相同的内容，相同内容在不同屏幕大小情况下所呈现的版式效果是不一样的。因此，现阶段App产品的开发往往会跨越各个平台和品牌，同时呈现出不同的分辨率效果。因此，有些产品在设计之初就可能需要考虑到其与各个平台和各个品牌的适配度，从手机到平板，再到网页。就作者发现，目前很多Web网页也能适配Wap端口，并且在不同分辨率状态下能够达成智能适配的目的，这也是当今设计的特点之一。

无论是设计还是绘画作品等，都需要具备所谓的“虚实关系”。也可以说，设计时一定要考虑到红花和绿叶的关系。在设计中，红花是设计的中心和需求点，而绿叶则是用来衬托或者突出红花的一些辅助设计，如背景、色条及一些图案的搭配等，这些都是设计中的一些必备元素，一个完整的视觉设计一定要拥有这些元素。如果画面全是细节或全是“红花”，那么很容易让人感觉眼花缭乱，找不到重心和重点。

大家仔细观察下图中标有黄点的区域，这些区域就是这个界面的视觉集中点，点越大，停留时间越长，这是一个很有趣的现象。

作者曾经经历过眼动仪测试项目，发现用户的眼球永远都是有规律可循的，这些规律就是我们设计中所谓的“红花”，而这种效应称为视觉效应。例如，在仔细观察图片时，大家会发现自己的视觉中心都会不自觉地向相机镜头区域偏移。另外，图中黄色标注的所有区域又很典型地向我们展示了3种基本的眼球活动，分别是细节、颜色和对比。

因此对于优秀的设计作品来说，并不是能够把所有内容都做到细致入微才好，而是需要懂得如何运用设计元素来引导用户或客户的眼球，这些设计往往懂得将一些区域中的眼球点做到极致，并且能够分散其他区域的内容，从而突出这些眼球点，这也是评判一个设计师是否成熟的一个标准。

再说说之前所提及的人的3种基本的眼球活动，即细节、颜色和对比。而与之相反的则是简略、无色和融合。下面就来做一个测试。

大家先闭上眼睛几秒钟，想想别的画面，然后再看下面这张图，大家说一说自己看到这张图的时候自己的眼球活动。

这里作者用数字展示出了当大家看到这张图的时候可能呈现出的眼球活动方式。不难发现，大家第1个可能看到的内容是左边最显眼的红色圆形，如果画面中没有更多能够抓住人眼球的东西，人的眼球就会按照基础的阅读习惯从左向右运动，所以，我们可能会发现自己的眼球会按照图中1~3的顺序运动。在测试过程中我们也会发现，在1~3这个视觉运动的过程中，眼球停留在2的时间非常短暂，因为序号2中的线段处在图片内容整体的一个辅助位置，这就是眼球效应的一个体现。

继续来看一张图。同样大家先闭上眼睛几秒钟，想想别的画面，然后再观察图中的内容，判断一下自己眼球的活动。

观察后会发现，首先看到的可能是右边的红色圆形，线条几乎没看到，在视觉运动的过程中，眼球可能直接跳至左侧的灰色圆形。如果这时候再继续仔细观察，最后眼球可能再会从左至右循序式运动，并通过线条最后又聚焦到右侧的红色圆形上。

由此可以得知，当我们在观察一幅画面时，眼球首先可能是被画面中颜色最突出的物体所吸引，在观察过程中人的眼球会自动捕捉一些比较抢眼的颜色，然后将注意力集中在这些点上，如图中红色圆形。当看清楚并且了解完以后，又会开始捕捉画面中的其他内容，然后在其他的一些内容中，还会优先选择更具有特性的元素，例如，图中灰色的圆形，而忽略或者跳过相对没有太多内容或形状特征的内容区域。当然，这其中也会存在人从左至右的基础阅读习惯等客观因素。

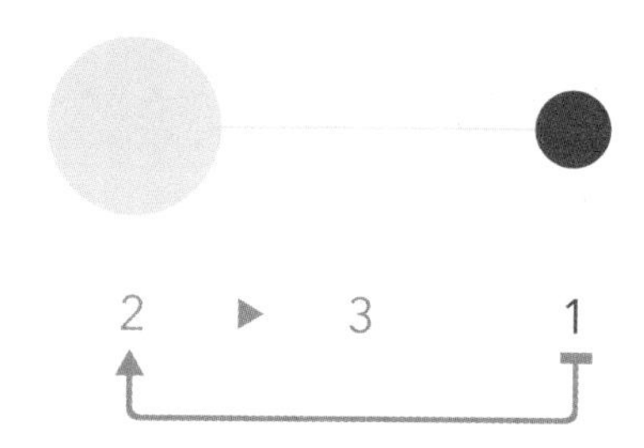

3.2.2 如何做到合理设计

再回到App设计，这里我们假设将同一个界面中的内容设计成两个不同的方案，从布局到内容排布，大家可以自己感受一下两者的差异。仔细观察不难看出，左边的方案中的效果明显让人感觉到无所适从，找不到视觉重心在哪里；而在右边的方案中，我们的视觉判断就要明显迅速得多，在这个界面中，我们可以很容易就找到自己想要找到的东西，或是得到自己想要得到的重要信息，如标题、按钮及图片区域等，这样的细节往往能够为用户节省很多阅读时间，而由此带来的用户体验，也是整个产品很重要加分点，这些也是设计的基本常识。

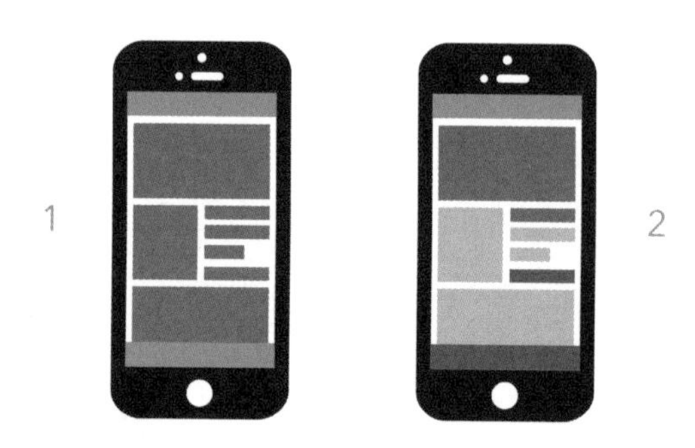

其实，做到以上这些并不难，下面我们就来总结一下。

1. 学会用色

说到颜色，就不得不提到一个用色的顶尖印象派画家——莫奈。相信大家看到莫奈的作品以后都有一种感觉，用色着实巧妙和精准。作者认为，他的作品的精妙之处就在于将我们喜欢的颜色放大数倍，然后用更加巧妙的方式进行搭配，重新给我们诠释出我们眼睛所看到又不能表达出的美感，近乎完美，又艳丽而不做作，而这些东西也是作者希望大家在设计中能够参考和借鉴的。

在具体的设计当中，大家需要注意的是，不论你是作为项目中的甲方还是乙方，一定要注意关注客户所要求的基础色或者VI色，如果产品所指的客户已经有了这些VI要求，那么最好遵从这些要求来，也可以根据实际情况给出一定的建议；如果没有这些VI要求，最好在开始就为产品确定出一个基础色，下面举例介绍。

仔细观察图中左、右两边不同的两个界面，并说说整体的视觉感受。首先来观察下图中左边界面中顶部区域和底部区域的用色，这里作者分别用两种颜色将其区分开来，从而区别出它们之间所代表的区域内容关系。例如，顶部区域主要负责返回、设置区域或是内容区域，而底部则负责导航或个人信息等，这两项内容在本质上是有所区别的，那么在经过颜色的区分之后，用户就能更好地将其区分开来。当然，有的时候设计师也会使用渐变色和彩色来代表不同区域之间的区别。

然后来看看文字信息和图片信息内容区域的划分，这些区域需要做到的是与其他功能说明或页面介绍等内容区分开来，作为正文内容，并且易于辨别，这就要求设计师做到其对比明显及区域明显，如果缺少这些对比，文字和图片信息将会变得难以阅读或者干脆被读者所忽略，这是很重要的用户体验部门。

最后来看看正文区域。先看图片区域，如果图片内容对应的是产品，则图片要有特征，并且设置细节，这样才足够吸引人，使得用户在第一时间就能了解产品；然后看文本区域，我们会发现类似纸张白色的区域与灰色背景相搭配，可以突出文本区，同时添加按钮辅助设计，这样用户就能够很快判断出这些内容之间的关系，并且将红色按钮做突出显示，用户可以很快发现它，这就是在VI设计中需要注意的点。

在设计时，一定要考虑到颜色搭配是否合适，这是界面设计很关键的一点。因为用户在打开一个App产品时，第一时间看到的肯定不是那些细节，而是界面整体的颜色搭配。

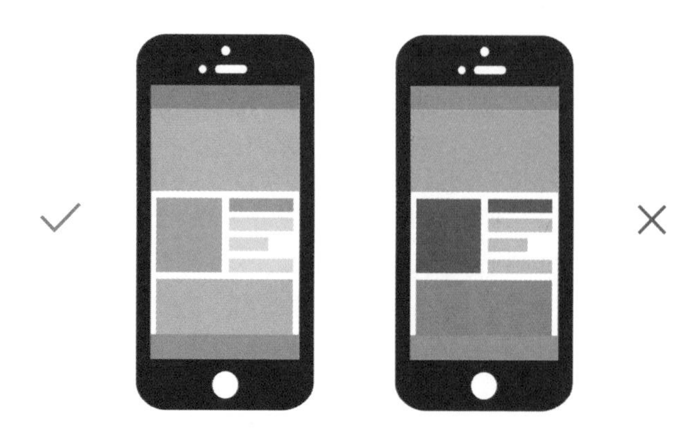

再来看下图，当看到图中第1排颜色的时候，不免显得有些吃力，这就是颜色搭配中常说的“撞色”。一般情况下，两种对立的颜色组合在一起就会出现这种情况，而且在现代产品中也经常出现这种颜色搭配形式。但是大家要注意的是，这种颜色搭配方式放在App产品中不一定适用，所以，尽量避免出现。

在界面设计中也会运用到一些纯色，如下图中的第2排颜色。这些纯色在设计中并不是说不可以出现，在搭配中可以将其用来当作某些重要元素的点缀，修饰即可，不宜太多。

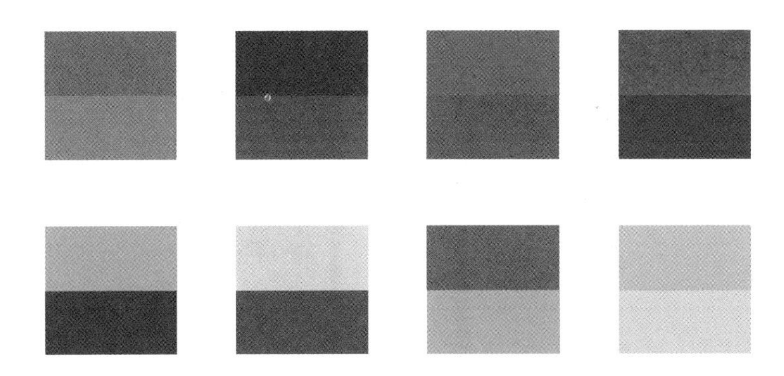

对于配色大家可以在网上找到很多可以参考的方案，很容易地就能够搭配出一些很好看的颜色，也可以使用百搭色，如黑白两色。作者在这里为大家展示了一些个人认为好看的颜色搭配样式，供大家参考。

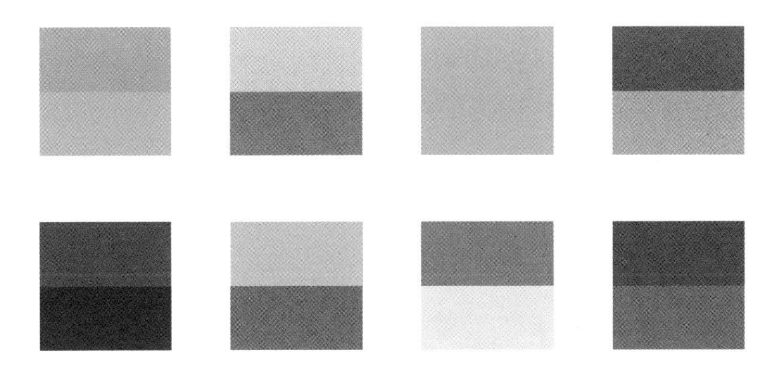

颜色搭配是一门学问。翻开艺术史，有很多关于随着时代的发展人们用色变化方面的理论，从古典的用色方式到后期莫奈、梵高这些艺术家们摆脱束缚用色的方式，各种用色方式的作品都散发着不同的艺术魅力。作者希望大家能够在平日里自己做设计的时候多揣摩一下颜色的搭配。用色搭配无定式，关键是要搭配得当、用色准确，这就需要大家多去尝试和运用。

2. 排版与布局

印刷品很大一部分的设计要素就是排版，排版应整齐，统一并且好看。同样，在App产品或任何电子平台上，排版布局是非常重要的设计因素。

成功的设计应该是设计师引导用户，而不是让用户自己去寻找合适的设计，这一点在排版中显得尤为重要。好的排版样式搭配好的内容和合理的颜色，能让设计变得有生命，富有层次感和语言感，使得用户在使用的时候不需要花费太多精力去阅读，提升了用户的体验。

* 文字排版

排版主要讲究整齐美观，这是排版的基础常识。在做文字排版时，首先需要明确好文字的范围，做到整齐一致的排列。同时，需要保证文字有固定的边距宽度，并将文字排版对齐于两侧，注意标题要区别于内容页面。

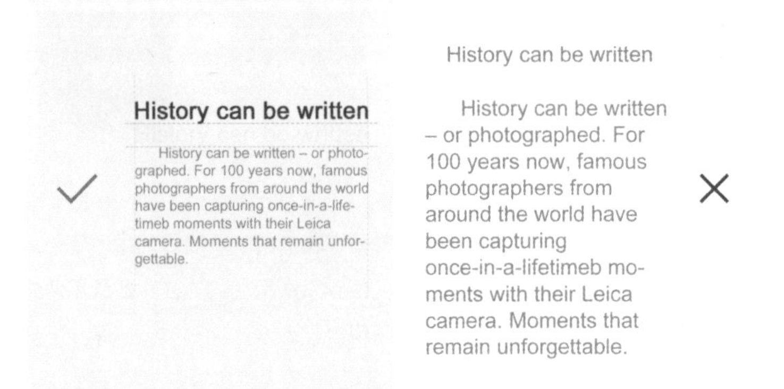

其次，做文字排版的时候一定要仔细观察细节，注意基本的行距、行高，每个单位之间的距离需要统一，按钮行高和各个单位之间的行高需要统一，而且最好是有一个标准的定义。例如，大区域之间有一个行间距，标准内容中间有一个行间距，这些区分能让用户更快地识别出不同的内容区域，从而减少误读率。而且，在设计的时候，标题和图案区域尽量避免平铺直叙，最好能够制造出一些层次感，并且能够把握好设计中各个元素的穿插和使用。另外，在表述文字时，一定要将标题和正文区分开来，标题区域一定要有所变化，选择加粗或变化颜色都可以。

实际上，文字的排版样式灵活多变，这里作者为大家做一下简单分析。

图中的第1排排版样式都属于常规设计，其中，第1个排版样式是标准的居中对齐，如果大家想要使用这种设计的话，最好的方式是整个页面不论是图形还是文字都要保持居中一致。第2个排版样式为左对齐，也是相对最常见的一种排版方式，它几乎适应于所有人的阅读习惯，并且整个排版感觉显得非常方正，因此在页面中易显示和填充。第3个排版样式为右对齐，并且标题设有倾斜效果，这种倾斜效果可以运用在图中的任何一个排版样式中，但一般不常见，更多的可能是出现在时尚栏目或杂志中，具有一定的艺术性，阅读起来也相对有些别扭，因此一般情况下作者并不是很推荐这种方式。

图中的第2排和第1排排版样式相比，设计感就强烈很多。其中，第1个排版样式是异形排列，当然，有的时候这里的标题会换成图形样式或者图片样式，也有可能是设计形状，这样排列出的视觉效果会很好，融合感和穿透感很强。第2个排版样式相对简单，采用内容拉长式排列处理，并且标题竖排，在某些程度上是借鉴了中国的书法样式。第3个排版样式是发散式设计，例如，这里融合了文字开头的相同字母，这样的排版一般是针对文字较多或是设计需要文字辅助的时候使用。

History can be written

History can be written – or photographed. For 100 years now, famous photographers from around the world have been capturing once-in-a-lifetimeb moments with their Leica camera. Moments that remain unforgettable.

History can be written

History can be written – or photographed. For 100 years now, famous photographers from around the world have been capturing once-in-a-lifetimeb moments with their Leica camera. Moments that remain unforgettable.

History can be written

History can be written – or photographed. For 100 years now, famous photographers from around the world have been capturing once-in-a-lifetimeb moments with their Leica camera. Moments that remain unforgettable.

History can be written

History can be written – or photographed. For 100 years now, famous photographers from around the world have been capturing once-in-a-lifetimeb moments with their Leica camera. Moments that remain unforgettable.

History can be written

History can be written – or photographed. For 100 years now, famous photographers from around the world have been capturing once-in-a-lifetimeb moments with their Leica camera. Moments that remain unforgettable.

History can be written

History can be written – or photographed. For 100 years now, famous photographers from around the world have been capturing once-in-a-lifetimeb moments with their Leica camera. Moments that remain unforgettable.

* 如何构图

很多设计师总是困惑于自己为什么做设计很认真，但是总是不如别人做的设计好。实际上，很大一部分问题还是出现在细节设计上，这些细节就包括构图问题。

这里借着之前给大家展示的一张图继续分析。在这里，我们可以通过观察这张图分辨出图中左、右两边的排版在视觉上给人呈现出的不同感觉，并且挖掘出图中存在的一些问题。

先看这两个界面中图片的摆放位置和样式的对比，图中左、右两边的两个界面中都没有把相机图片完整地放入和显示在图片区域。右边的图片相对于左边的图来说做了圆形裁切，且裁切的部分更多一些，但这样看来，右边的图整体并没有表现出任何的缺失感，而左边的图虽然只被裁切掉了下半部分，但整体看上去缺失感较严重，这是为什么呢？

可以说，排版中的构图艺术在某些方面来自于绘画艺术，针对这一点作者为大家找来一幅画做一下简单分析。

相信大家都还记得小学的时候学过一篇叫作“伏尔加河上的纤夫”的文章，这幅画是非常著名的俄国画家伊里亚·叶菲莫维奇·列宾的代表作之一。

很多艺术家和评论家都解析过这幅画的构图。可以说，这幅画不论是在细节上还是在整体的视觉冲击感表现上，都是非常棒的。看一下作者在图上标示出的大致构图解析。第一眼看这张图的时候，可能最容易被图中最左侧区域的人像所吸引，不论是人物的细节，还是表情等，都是能够抓住人眼球的地方。接着，可能就会顺着作者标示出来的红线范围按从左往右的顺序阅览下去。可以发现，这幅画是一个梯形的构图方式，当人们看到这幅画的时候，视线首先习惯从左端细节开始进入，最后停留在最右侧远处船上的人身上。

接着再来看看这幅画整体的视觉位置，大家注意一下作者在图中标示出的红线区域。下面一条红线标示出的是海平面的位置，这个位置是整个视觉的横向中心线，也是整个画面的横向中心位置，而上面一条线则是整个画面细节所处的位置，会发现这些细节巧合地出现在同一条线的位置上，这样的视觉安排使得画面紧凑并且流畅。

作者就是想借着这张图告诉人家，其实在某一方面，设计与绘画是相通的。很多时候做排版设计时总会忽略这些视觉因素的重要性，对于细节的把握也是设计成功与否的一个很重要的评定因素。

从本质上说，这些构图的关键点就是引导和帮助人们理解和阅读这些图片，就像绘画中的虚实关系，我们希望将好的东西和有细节的东西表现给人们的同时，又能够平衡这些细节。例如，这幅画中的背景元素，大海、沙滩或远处的岛屿，它们或许没有细节，或与主题无关，但是这些东西很重要，是它们支撑起了整个视觉效果的完整性，这也正是我们在设计时需要借用的东西。

排版并不简单，其中包括的元素主要有文字、图片及图形等。它们在整体上需要一个设计，当它们作为单一个体时也需要有一个设计。我们在平日可以从网上或者别人的作品中借鉴很多好的排版方式，但是最重要的是如何将这些内容设计得有平衡性。排版的方式是灵动的，关键在于平衡性的把握。

* 如何利用构图抓住视觉焦点

排版中的构图是设计中不可或缺的一个元素，众多优秀的设计无一例外，都在排版中的构图上有着优秀的表现，这些设计往往能够非常灵活地使用排版中的各种样式，并且在保证排版美观度的情况下还能同时凸显画面中的一些主要视觉焦点，体现出设计的细节与美感。

也可以说，构图中的重点在于细节、规范和辅助，用作者的话来说，则是爆点、平衡及“绿叶”修饰。

这是排版中针对图片比较常见的3种构图样式。大家也可以去看看苹果官网中的iPhone介绍页的构图样式，它们的介绍页采用的就是图中这3种构图样式。作者给这3种构图样式分别取了一个名字，叫作三角形内容构图、中心构图和左右分割构图。这些构图在排版中都是比较典型的构图样式，而且在设计中针对这些构图只要注意一个要点就可以了，那就是利用构图抓住用户的视觉焦点。例如，在图中的第1个构图样式上，人们往往会同时注意到三角形示意的图片中的3个点，并且从观者的视觉分散程度上来说，越向左，观者的视觉分散程度越小，所以，虽然图片中的主体物不完整，但是在视觉效果上并没有缺失感。细节的爆点及上、下间距保持协调与平衡，除此之外，加上除镜头以外的机身灰色的渐变效果，就构成了一个完整的视觉体系。

* 图形在排版中的设计与运用

在排版设计中，图形主要分为两方面，即图片和形状。图片相对来说比较简单，就是一些与产品或主题相关的图片，如产品图、设计图或装饰图等；排版当中的形状指的是针对排版中所需要的元素设计的一些有寓意的图标，这些图标有多种形式，可以是线条，也可以是形状、图形等。

在排版设计中，图形是构成视觉设计的最基本的要素，也是排版的基础要素。如果把排版比喻为垒砖，那么图形和文字就是这些砖头瓦砾，如果这些“砖头”和“瓦砾”不好，那么搭建起来的房屋也容易坍塌。在界面中的图形设计里，从基础按钮设计到基础形状图形，再到视觉图片的设计，几乎分布了界面中可能涉及的所有内容。因此，在做UI设计时，很多视觉方案的亮点都来自这些图形设计。也可以说，基本上成功的视觉设计都离不开图形的设计，可见其重要性。

这里需要给大家强调的是，严格的交互并不代表需要严格的排版。在做排版设计时，首先需要将排版结构及一些基本的细节做得规范，这是做好一个版式设计的先决条件；其次需要注意的是，针对排版设计，在一开始制作概念方案时就应对自己之后具体设计中可能会遇到的细节问题做好准备，这样可以降低后期制作时的返工率，提高设计效率。在以上这两个条件下，就可以适当发散自己的思维，为设计添加一些新的想法和概念。

在设计中，界面的排版具有极强的灵活性。首先，需要保持排版的规范性和统一性，但并不意味着整个界面中的图形排版都要保持绝对的统一，尤其是随着触屏时代的发展，现在流行将所有的屏幕都做得更大、更宽、更清晰，这也给我们的界面设计增加了更多的自由性，更加清晰的屏幕显示效果也为更好的视觉设计提供了更大的平台。

这里举一个很简单的例子，将原本界面中大多数采取的圆角样式的图形设计调整为方角样式，只将主体图片做圆形裁切的样式，这样整体界面的整体视觉效果就会好一些，同时也突出了图片的爆点，使重点更加明显。

其次，在图形排版中，要学会利用好各种元素来完成设计。实际上每一个设计方案都没有绝对的对错之分，更多的是合不合理。好的设计可以让界面变得美观、灵活，在排版布局上能使内容板块显得更加清晰、明确和易读。很多设计的精彩和亮点都来自于对元素的具体运用。或者说，很多界面中的内容是直接用图形来表示的。

仔细观察下面这张图，如果将这张图中的内容分解开来的话，实际上就是由一些简单的不规则形状、圆形、弧形及长方形等拼凑而成的。在这张图中，这些简单的图形通过有意识地拼接和调整就能成为一幅完整的画面，这就是我们所说的图形设计中的“拟物图形设计”。这些方式使用在平时的一些具体产品设计中，又能够给相对平淡的设计带来更多新意和花样，为我们的作品平添很多设计感。

在设计中，图形的排版和文字的排版是息息相关的，有时需要将图片和图形相结合，具体结合的方式需要根据设计中的一些具体情况而定。

图形的排版样式多种多样，并且在一个排版内容中只要将排版设计在细节上做出一些变化，就能为用户带来一些新的视觉享受。这里作者为大家举出一个例子。对于图形排版和文字排版来说，最基本的排版样式不外乎3种，分别是左对齐样式、流水排版样式和居中对齐样式。这里作者为大家展示的这3种排版样式实际上也是我们日常排版中比较正常的设计，大家在学习的同时，也可以去网上多参照很多出版物或是网上的排版素材，相信对大家有所帮助。

排版的重点在于不断尝试，尝试不同的排版方式和排版内容，并且习惯将多个排版样式做比较，因为在实际的设计中，没有绝对的对与错，只有合适或不合适。

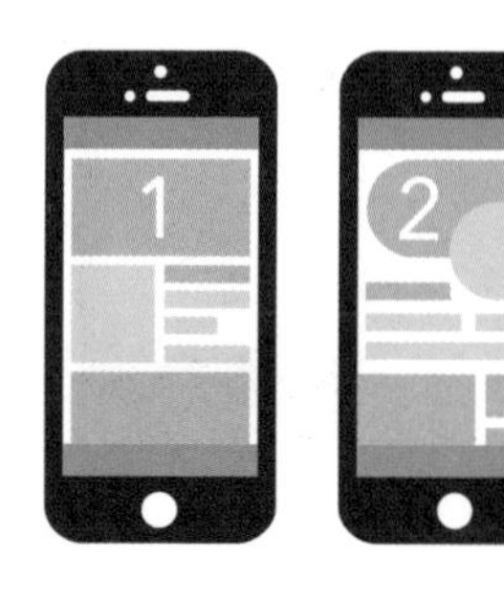

3. 设计的延展与表现

说到设计的延展与表现，最典型的莫过于图形和数据的可视化设计。在用户体验中，大家在界面中也更加愿意看到图形可视化的一些简单表现，因为经图形化设计后的内容可辨识度和辨识效率要远远高于文字，同时视觉效果也会更好，当然，这也是考验一个设计师是否能将图形灵活应用于设计的一个表现。

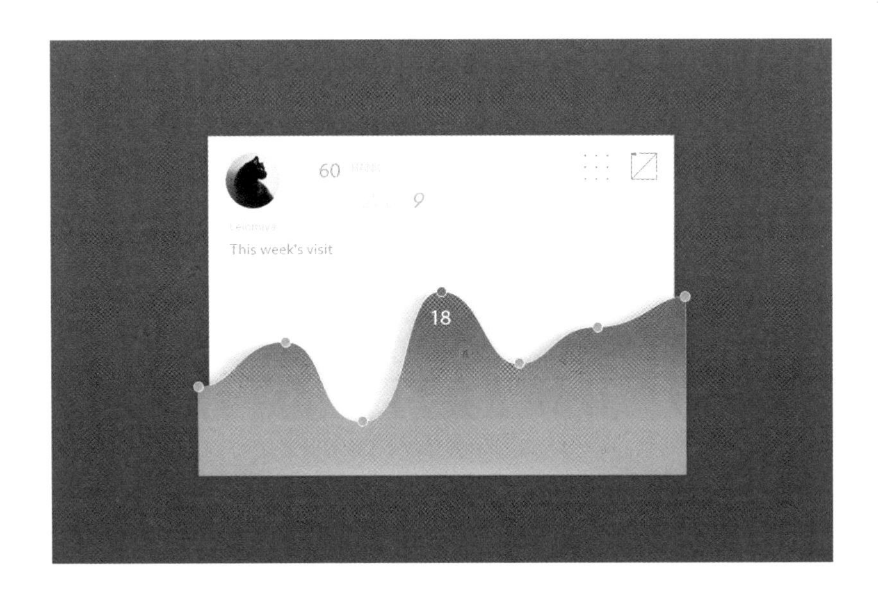

在界面设计中，如果单纯地依靠文字来表述的话，大家可以想象是一种什么样的视觉体验和感觉。因此，很多设计师都擅长于用图标来做设计，图标也是图形中的一种。相信在UI设计中不需要作者多说，大家也能明白图标设计的重要性，如果追溯到以前的话，最早的甲骨文就是一种图标，我们所做的图形化图标只不过是在原来的基础上将图标做得更加简明扼要，易理解罢了。

图标的作用主要在于帮助用户更快地了解和理解界面中的内容，通过图形来模拟出某些具体的东西，这样大家就能够迅速阅读与理解内容。在如今的设计工作当中，图标设计几乎已经成为了一个产业。例如，在国内非常出名的“米UI”，如今很多设计师习惯将自己的设计图放到这个平台进行出售，这些图标也能为设计师们带来比较可观的收入。

应该如何设计好界面图形呢？

图形设计是所有设计内容中最复杂也是最有趣的。

在GUI设计中，图形中的图标设计占有很重要的位置，因为我们看到一个App界面时第一眼看到的就是它的图标可视化设计。

这是一个物体从实物到矢量图再到图标的一个转化过程。首先，云是看得见摸不着的东西，它们还是无形的，时刻在变化。那么我们看这3个图形，第1张是照片，第2张是中国古绘画，第3张是界面中可能会用到的图标。经过观察会发现，同样是云，它们在形式上的表现完全不一样，但是它们所表达的内容却是一致的。

在图标设计中，很重要的一点就是简易化处理。也就是说我们在设计出一个图标的时候，首先需要考虑的是如何将事物简易地表现出来，做到通俗易懂，这就要求设计师在设计图标时需要对物体的寓意有一个准确的判断，然后才能做出既通俗易懂又富有设计感的图标。

在设计一个图标时我们需要先仔细冥想或观察这个图标所指代的物体特征是否明显，从这点下手开始设计就容易多了。下图中左、右两边的图标同样指代的是垃圾桶，很多人观察左边图标的第一眼就能够很快辨别出它的寓意，但看右边就不好判断了，甚至有可能会想到的是水杯……为什么会这样呢？显而易见，在左边图标的设计中图标所指代的物体特征非常明显，而右边图标在设计的时候并没有很好地做到这一点。

在设计工作当中，设计师们偶尔也会对自己的一些设计或者别人的设计产生主观判断上的错误，所以，作者建议大家在做图标设计的时候不妨多问问身边人的意见，或者直接询问一些客户的意见，这样能够增加设计的合理性，同时也可以提高工作效率。

有时候，会遇到一些比较复杂的图标设计。这时图标所指代的物体特征并不明确，这时不妨多根据设计对象找一找“擦边词”，也就是说可以找一些比较接近设计对象或和设计对象有关的元素来表示。

下面以一个快消产品的图标为例进行介绍。首先，快消产品并不是一个很具体的东西，它相对一般的物体来说信息比较宽泛，因此，在图标设计中很难单纯地以某一个物品或某一个细节上的概念化元素去描述这个产品，但是这时候我们可以找到一些相关联的内容。例如，在图中以超市的手推车为主要元素，当所有人看到手推车的时候心理可能自然会产生一种心理暗示，从而想到超市，同时也就可能会想到销售。我们用了一些表现速度感的图形来修饰整个图标，使其看起来更加符合主题。

同一种寓意的图标根据不同的设计风格也会有多种不同的样式。下面图1中的3个图标都是关于垃圾桶的图标，这3个图标基本上保留了垃圾桶的一些特征，概念很明确，但风格却完全不一样。首先，第1个图标应该适用于轻质感或是界面整体颜色偏巧克力风格的视觉设计方案，第2个可能适用于相对更写实的视觉设计方案，而第3个可能更适用于线条感较强或整体设计感较简洁的设计方案。图2中做了一个图标基本的界面效果。因此，大家在具体的设计工作当中就需要从整体视觉设计中反向推理出这些图标设计的风格，而不是先做好图标再考虑整体的设计方案。同时在实际的设计项目当中，一个设计方案可能会涉及很多图标的设计，那么为了更快更好地找到灵感，提高工作效率，建议大家可以先从网上下载一些素材或是图片暂时代替，等到方案被初步确认之后再仔细钻研图标的具体设计。

图1

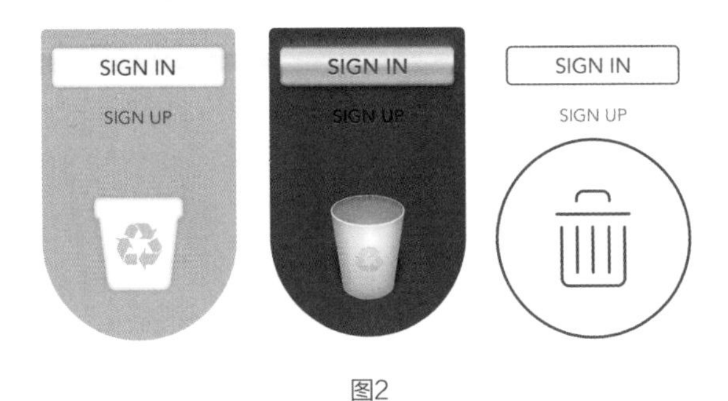

图2

最后，在图形设计的时候要把握好界面整体的视觉效果，并保持统一和平衡。如今，图形的设计方式已经从初期苹果图标的写实风格演变成了现如今更加平面化的设计风格，但作者相信这些风格的发展趋势很有可能是循环性的。所以，大家在做具体的设计练习时，无论是写实风格的设计，还是平面化风格的设计，都需要多尝试，同时适当的时候还要学会创新。

4. 怎样才是合理化设计

要做到合理化设计，这里不得不说到平面构成这一个关键性要素。平面构成是设计中非常关键的设计要点，可以说，平面设计是感性艺术与理性逻辑相结合的有机体，它通过一些感性的艺术想法，创造出一个合理的设计思维，并且通过空间、视觉效果及力学等原理将其转化为现实，并通过点线面的一些排列、叠加及渐变等方式来实现一些立体的具有空间感的视觉效果图。

实际上，我们的视觉设计和平面构成也有一定的关系。平面构成是很多大学平面设计专业的必修课。平面设计也是从事视觉设计的设计师的一个必备课程。在实际的视觉设计工作过程中，从界面颜色到整体布局再到图形设计，平面构成都会贯穿始终。

下面就如何实现合理化设计给大家举几个例子。

首先，以一款叫作“Cl词”的App产品为例。作者认为，这是一款不管是在设计本身还是在用户体验上都非常优秀的产品，它是国内某小型团队研发的一款词语产品，其中涉及一些宋诗宋词的查找与参考服务。这款产品从视觉感官上呈现出很好的质感，同时界面整体的编排和布局也显得古风十足。

Artsy是国外的一款记录艺术杂事的App产品。其简洁的文字风格和排版设计，加上非常大的延展性交互内容，给人一种非常完美的视觉享受。平面化的风格易突出艺术品图片的同时又不缺乏设计感，整体黑白两色的百搭色也注定了这个产品界面中可以放置任何颜色的图片，要做到上述这些，非常考验一个设计师的功底。

同样，榫卯也是作者非常喜欢的一款App产品。这款App产品无论从其视觉上、交互体验上还是从动效上，都达到了一个很成熟的设计水平，尤其是动态视觉效果的表现。这款产品还有一个很吸引人的地方，那就是展现了中国现代已经快流失掉的木工艺。除此之外，又因为这款产品的功能是介于App和游戏App之间，但在实际中它又很好地平衡了整体产品的需求。

Solar是一款关于天气的外国App产品。这一款产品的优秀之处在于它独特的视觉效果和交互方式，在使用这款软件时可以将界面进行拖曳，同时快捷地浏览到一天内不同时段的天气情况，随着时段的变化，界面背景也会变化，用色采用极简主义，色彩搭配也堪称完美。

Timi时光记账是国内团队研发的一款App记账软件。作者在使用它之前用过很多记账软件，

而且国内外的产品都有。相对来说，这款软件也算是其中比较优秀的了，整体偏清新和富有生活情感的用色，加上简洁的图标设计和易操作的界面，瞬间感觉让生活变得轻松起来。

最后说到一款目前比较新的App产品，叫作Design Museum。这是为纪念伦敦设计博物馆25周年而制作的一款应用软件，它类似一本精致的设计读物，为大家分享自1850年来的人类产品设计中最经典的一些东西。这款产品虽然才研发出来不久，但其视觉效果与界面整体的动态交互都设计得很成功，合理规范的布局，加上富有质感的图标设计，让用户看起来非常赏心悦目。

Timi 时光记账

DESIGN MUSEUM

3.3 了解开发，让设计更加合理化

一般情况下，所有设计中静态的东西一旦需要实现为动态设计，这个过程中就会遇到各种各样的问题和麻烦，这也是不可避免的。但是，作为设计师，我们可以通过提前预估减少这样的一些问题发生。而在一个项目设计前端，很多刚入行的设计师往往缺乏对于开发的前瞻性。

对于一个整体项目而言，设计师只是扮演其中的一个角色而已。若想将一个产品项目真正落实直到最后孵化出来，需要经历非常多的步骤和内容。设计作为项目的落地阶段，承载了之前所有工作的同时，也展开了下面的开发工作。对于开发部门或者程序员来说，他们的工作也才是真正让项目落地和得到实现的具体工作，在他们的工作阶段中，之前产品设计中所有的效果和所有的想法都可以成为现实。不过，所有确认的内容也很可能在这个阶段被否定，一部分原因可能是因为实现过难，另外一部分原因可能是因为时间不足。

作者记得曾经在参与一个华为公司的项目时遇到过这样的一个问题，项目中一些变形和渐变效果相对比较复杂，因而开发人员需要很长的时间来完成这些内容，而此时恰巧项目里面缺的就是时间，所以这是个很无奈的问题。作为设计师，当然希望自己能够设计出有意思的东西或者说漂亮的视觉效果，但往往就是因为这些细节上的效果，影响了整个开发周期。这时就需要思考一个问题，那就是实现的可行性和最终效果的判断。很多效果在初期被设计出来的时候是非常漂亮乃至完美的，这也正如我们看到的一些如汽车概念设计等，作为概念或是某种新潮思维，它们是很合适的，但是作为产品，作为量产的一些东西，在一些设计细节的把控上就需要理性的思考和判断。

例如，作者曾经在与宝马公司合作的时候也遇到过类似的问题，宝马公司对于设计的要求并不是过多地在时间上的要求，他们更关心的是设计的质量，而不是某个时间点必须交付哪些内容。对于设计师来说，对产品细节的把控和对于一些品牌的整体设计定位会远远重要于产品交付的时间，并且相对来说专业的区分性会强很多，专职专责，这样在很多时候也能够避免很多束缚，但是这样的企业或是这样的项目毕竟是少数。所以，更多的项目或企业任职的设计师都会面对时间周期导致的一系列问题。

下面针对设计的可行性和最终效果的判断，来介绍在设计过程中开发人员会遇到的一些问题。

首先我们说说动态效果。界面动态效果对于开发来说是相对复杂的工作，这时开发人员往往需要很长的时间来制作一些看似简单的动态效果。在下图中，作者为大家展示了3种相对比较常见的动态效果，从左到右分别是可视化数据、元素动画和操作动效，这3种都是比较简单的动态效果。对于设计师来说，这样的动效也比较容易出效果。

接下来介绍数据可视化，对于设计师来说，简单的几个图形变化就可以将这个效果设计出来，并且效果还不错。而对于开发人员来说，他们需要根据设计师设计出的东西做出一个动态的圆形，并且要结合前台和后台的数据，最终实现后，还需要和设计师确定效果是否统一，可想而知来来回回的修改和调整必然是少不了的。再来说说动画，元素动画或者动画的难度在于动画的准确性和流畅性，加上每个模块的切图和坐标轴代码等。在设计过程中如果代码优化不到位，低端手机往往遇到这样的效果就会死机。因而，设计师往往要重复和开发人员去比对效果，并做反复尝试，直到最后确认。最后来说说变形模块，其实这里可以有很多分支，任何涉及变形、模块变化、触控模块的一些交互动效都可以归类到一起，模块化动态和变形不论是对于设备的要求还是对于开发的要求都是很高的，这也是为什么这类设计用得少，大家可以参考苹果的照片查看方式，这类方式开发在调整效果上比较复杂，程序员在调整效果上需要花费大量的时间。

下面再来介绍一些静态效果制作时可能会遇到的问题。大家看下图，图中分别展示的是3种不同的静态效果。图中的这些静态效果相对动态效果来说，单个制作起来其实并不那么麻烦，但是由于该类元素都是多次出现或者频繁出现的，所以，对整体产品的影响还是很大的，这些效果重复出现并且反复变化，对于设计师来说很简单，但是对于开发人员来说却是不小的工作量。

首先，看第1个静态渐变效果，这种渐变效果对于开发人员来说直接用代码写出来一般会很麻烦，鉴于现在也没有什么能够非常方便开发出来的方式，大部分设计都需要开发者直接手工写出来，或者根据不同的尺寸单独切出来；第2种效果相对于第1种静态效果制作上会比较麻烦，其制作难度主要在于不同图层的叠加，并且在有些情况下这些单个图层也是携带动态效果的，这就需要程序员去给每个元素定位及编写动画，因而也比较花费时间；第3个是静态渐变投影效果，现在开发软件已经越来越方便，因此，投影也相对方便了起来，但是对于一些复杂的渐变加投影效果还是需要设计师花费大量的时间才可以完成，在这个过程中就需要大量的切图和适配。

上面所提及的这些效果，相信大家在一些App产品尤其是游戏币UI中都见到过。游戏App产品一般都有较长的开发周期，而其他App产品可能需要的是快速的变化、迭代与更新，以此来达到更好的用户体验。所以，从各个方面来说，如何平衡这些问题是一个设计师必须了解的。

科技每天都在进步，在不远的将来，作者相信在以后的工作中开发将会越来越容易，限制也会越来越少，而且，随着时间的推移，在设计中能制作出的效果会越来越多，开发需求也会与日俱增。因而互联网时代技术的更新速度、设计的思维变化是非常快的，唯独不变的是人与人之间需求的沟通，以及产品与人之间互动的桥梁。

作者一直在强调设计师尤其是视觉设计只是产品设计过程中的一员，目的是希望大家不要只局限在自己的思维当中，因为那样是做不好设计的。好的设计师更加需要的是将自己当作一个项目经理而不是单纯的设计师，在做任何设计的时候一定要懂得问为什么，一定要懂得理解所有人做选择的原因，也一定要知道提前预估一下我们设计的东西最后呈现的效果是怎么样的，懂得如何将自己的方案实质化地转化成一个能够判断的结果，这样才能真正将设计做好，被人认可。

3.4 找准用户需求，敢于做出合理化提议

3.4.1 提议基准——产品用户需求

在日常工作生活当中，设计师往往会遇到个人的设计方案好不容易做好了，却在正式提案时重重受阻，然后被无数次地否定和被迫修改。而且，一般的设计方案在提案时也很少一次性通过，即便是在项目时间和需求非常紧急的情况下，多少还是会有一些细微的修改工作需要继续进行。

以上所述情况，在实际的工作当中确实是不可避免的，作者看到有不少设计师因为这些原因离开，但这种现象经过长时间的循环发生之后，作者发现其实很多时候我们的提案被否定并不主要是因为遇到挑剔的老板，而问题往往是来自于我们自身。

那么主要的原因是什么呢？下面我们就来说一说。

在设计用户产品的时候，很多时候不是因为我们设计方法不对，而是我们对客户的要求或用户的需求没有一个完整的了解与把握。

在之前，作者和很多客户与公司合作过，例如，华为、思科、宝马、霍尼韦尔及腾讯等，同时其中也不乏有一些国外顶尖的客户公司。这些公司在某种程度上都有自己的一些完善的制度体系和相对独特的企业特性，但是这都不影响他们在与设计公司合作时和设计师保持的一致性，那就是对于用户需求的理解与要求。一些大型的公司在交接设计项目之前在考量设计公司或者说设计师时也会下大工夫，例如，宝马汽车公司，他们在与设计公司或设计师正式交接一个设计项目之前，会对每个参与项目的人进行逐一面试，同时面试的时候很有针对性，不仅是对设计师专业有极高的要求，同时还非常关注每个设计师日常的行为规范。在他们看来，这些都是检验一个设计师胜任和做好设计工作的前提。

当客户将一个设计项目交接给设计公司或设计师个人的时候，在他们与设计师沟通的过程当中总是会遇到一些问题，有些客户在表达设计要求时有可能只给设计师一些模糊的概念或理念，比如现如今比较流行的“高端大气上档次，低调奢华有内涵”等词汇描述。这样的要求在很多设计项目当中都适用，但是这样往往让很多设计师在做具体设计时摸不着头脑，无法真正精准地揣测和把握好客户或用户的实际要求和需求。

通常，在一些资讯类设计公司或者是一些中小型互联网企业中，面对的客户往往在设计上是没有什么专业背景的，所以，在项目实施过程中设计师需要充分发挥自己的设计能力和想法才行，但这样并不一定能得到老板或者客户的认同，而且作为出资方或客户，设计师有时候又不得不听从他们的提议或者意见。

但是这样有时往往会让一些产品设计和制作出来以后无法完全符合用户的实际需求，所以并不见得是一件好事。因此，有时候产品用户的实际需求不是靠老板或客户告诉我们的，而是应该由设计师自己去挖掘和调研，在设计前做好充足的准备，在与老板和客户沟通的时候可以给出一些自身的想法和正确的提议，对用户需求做一些精准的分析和表达，再来完成整个项目。

3.4.2 如何对设计方案说不

经过以上所述我们会发现，在一个项目的实施与产品开发的过程中，设计师如果一味地听取或者顺从上级或者客户的安排，而没有自身的见解或对用户产品的需求没有一个很好的把握，很可能会导致整个项目的失败。而且在一个设计公司中，同一时间段内往往积压有几个或者多个项目待开发和实现，作为设计师这时就必须在有效时间内与上级和客户保持快捷、有效的沟通，对产品用户的需求有一个充分的了解与把握之后，才不会影响项目实施进度和设计质量，才能快速有效地完成工作。

作为设计师，如何做到在有效时间内与上级和客户保持快捷有效的沟通，并且对产品用户的需求有一个充分的了解与把握呢？这里就涉及设计师的一个基本也是最为关键的素养——专业。

当我们在和其他设计师在竞争一个设计项目的时候，面对面试官或者客户抛出的一系列问题，我们希望自己能给出专业又精准的答案来证明自己可以胜任这个项目。而这时面试官或者客户并不希望我们的回答一定就是完全附和他们的想法，即便是有一定设计专业背景的面试官或者客户，他们也希望我们能在理解他们的一些兴趣点和产品的需求点的同时，还能根据他们的需求及产品本身给出一些有针对性的、好的建议，同时规避掉一些未来可能存在的隐患和风险，给出一个更为完善和精准的设计方案。

因此，作为设计师，在针对项目本身敢于向上级或者客户说“不”的前提是，你要表现出足够的专业，这不仅需要包括设计师对设计本身要足够专业，同时还要学会精准地判断和理解老板和客户的需求，除此之外还要求设计师对产品用户需求有充分的了解与把握，然后针对项目本身给出一个最为合理化的建议，在设计好产品的同时，还能对项目有一个良好的前瞻性规划和风险评估，为客户规避和解决掉一些产品未来可能存在的问题，这才是一个真正合格和称职的专业设计师的表现。

实际上做到以上并不难，但凡专业的设计师都知道，要做到这些，必须具备两点，即专业和细心。要做到以上两点，前提是要求设计师在实际的工作过程中要学会不断地尝试和参与。在设计师刚入行的时候，很多设计方案在提案时备受非议和否定，主要原因并不是因为我们专业能力不足，而是因为太粗心，同时参与度不够。

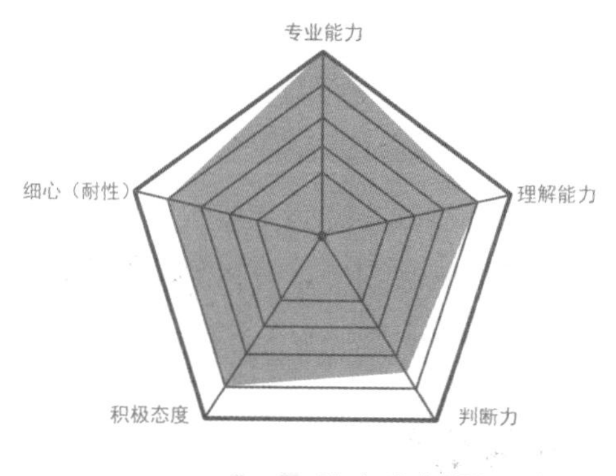

SAY “NO” 能力分析图

此外，真正能做好设计的设计师并不是一味地练好手上功夫就可以的，除此之外还有很多可以尝试和参与的地方，例如，多尝试与客户面谈，在研讨会上多发表自己的设计意见，多参与市场调研，并且多与不同的用户群体交流等。

肆

从用户体验出发

——让设计更加有趣

· 用户体验设计的三大核心
· 如何保持快捷有效的沟通
· 如何表达设计创意与想法

App
DESIGN

用户体验设计是一个非常宽泛的概念，其中包括市场营销、品牌管理、用户研究、可用性测试、产品维护、交互设计、视觉设计、信息架构及技术实现等一系列内容，将这些东西完全地整合起来才能称得上真正的用户体验设计。当然，现在也有用户体验设计师的职位存在，但其中具体的职位可能会有不同的偏向性，或是偏技术方向的，或是偏设计方向的，又或是偏商业分析方向的，目前我们的生活中又开始出现一些类似服务设计的概念。在作者看来，这些概念及具体职位的出现其实都是为了不断完善和规范整个产品项目从策划到实现过程而所做的努力。

4.1 用户体验设计的三大核心

4.1.1 三大核心之间的关系

用户体验设计的三大核心，即用户研究、交互设计和视觉设计。

在用户体验设计中，用户研究员最重要的工作就是挖掘用户需求，然后将搜集到的信息进行整合，最终生成一个综合性的调查数据报告以供交互设计师和视觉设计师使用；交互设计师在产品设计中除了要负责产品的一些基础设计内容之外，往往还会更加关注整个产品使用时的流畅度和用户对产品的一些细节上的体验和需求，然后以交互图的形式提供给视觉设计师一些大的产品原型；当视觉设计师接收到交互设计师递交过来的任务之后，他们往往需要针对产品本身的界面颜色、排列和布局等一系列的内容进行具体设计，让产品呈现出相对完整的视觉效果。

在整个产品设计过程中，用户研究对产品后期的视觉影响一般较小。在设计前期，他们只会针对用户的需求在产品的基本样式、质感等一些比较大的方向给出一定的建议，所以，两者在工作对接的环节上并不是那么紧密。

而相对用户研究员与视觉设计师来说，交互设计师与视觉设计师之间的交流就会更加密切一些。在一个项目实施的过程中，交互设计师工作之后生成的交互图是视觉设计师工作的根本依据，视觉设计师需要依据交互设计师制作出的产品原型进行视觉上的一些具体设计。也可以说，交互设计师和视觉设计师是相互依赖并且相互需求的。

但即便是这样，也并不意味着视觉设计师就可以单纯地只依靠交互设计师提供的交互图给产品添加上颜色或视觉样式就可以了，在具体设计的时候他们需要考虑到产品整体的体验与效果，如按钮颜色、图标颜色、文字颜色大小及视觉引导等各个方面，需要多加思考，以做进一步改进，那么在此之前他们是需要和交互设计师甚至和用户体验师做充分交流才可以的。

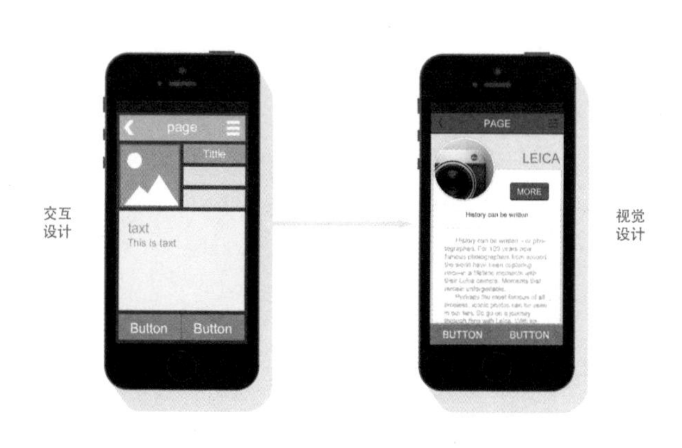

在这里，作者觉得有必要详细为大家介绍一下视觉设计与交互设计的区别。如果把这两者结合起来比作一个人，那么分开就是骨骼和皮肉的区别。

首先，骨骼是人整体的一个支撑构架，如果人仅仅是靠皮肉的话是很难行走和生存的。而且人与人之间骨骼的形状往往会不一样，这就决定了一个人的大致雏形，这就像一个产品的基本架构一样，架构是横向的还是纵向的，都取决于交互设计。当我们评判一个人长得漂不漂亮的时候，首先只会从这个人的五官、身材胖瘦及穿着等去进行观察，而不会太多地去关注其细节，而这些都是表象的东西。过了一段时间，我们具体接触了这个人之后，会细致地去观察这个人内在的一些其他方面的东西，如性格和喜好等。这正如我们看到一个设计产品的时候，首先看到的是它的大概样式，比如颜色、形状及内容排列是什么样的。等购买和使用了一段时间以后，我们才有可能去观察设计中的一些细节问题，如浏览效果是否合理、功能按钮设置是否合理等，这些细节往往影响着用户对这个产品的信赖和耐用度。

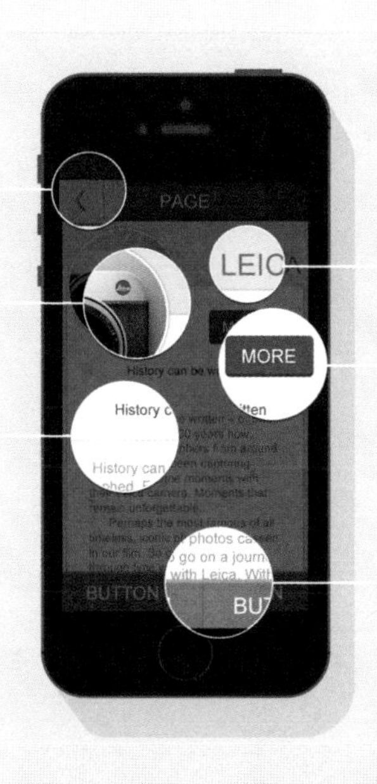

最后，如果整体评价一下一个设计项目中用户研究员、交互设计师和视觉设计师三者之间的关系，那么它们整体就像要建一栋房子。首先，用户研究需要做的是询问和调查出房子主人喜欢什么样的房子，如户型样式、风格等；然后，交互设计需要对房子的整个结构进行设计，也就是我们说的打地基和建架构；而视觉设计师则需要对房子后续进行装修与布置，这样就完成了一整套的用户体验设计。

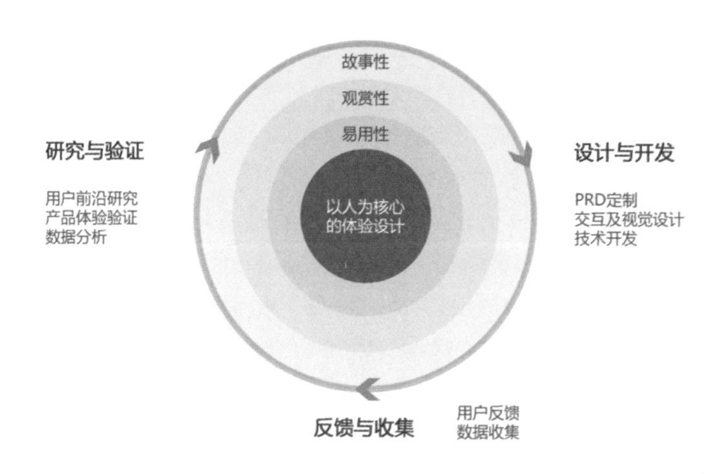

4.1.2 核心1——用户研究

1. 什么是用户研究

用户研究这个概念在国外很早就已经兴起了，而国内则是在最近几年才兴起。实际上，用户研究指的是针对用户的一套完整的调查和研究报告，它是对用户需求及体验进行分析、收集、整理和归纳的一个过程。其中包括了对用户的一些基本信息的调研和对用户的一些需求信息的搜集，以及下意识地对用户行为进行研究等。

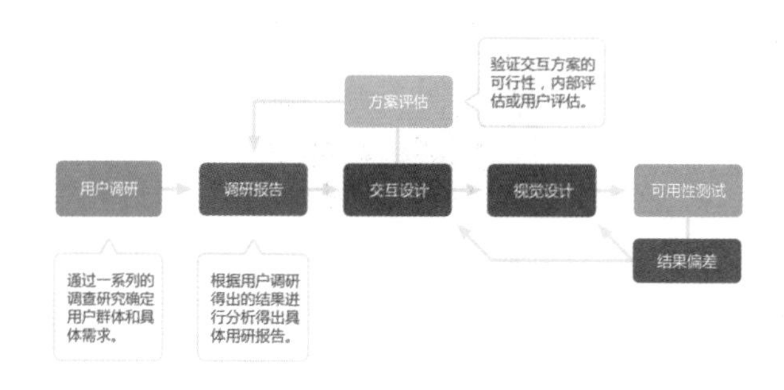

在用户研究工作中，最重要的工作就是挖掘用户需求。一般一个设计项目中可能会有无数个用户需求点，研究人员的工作就是将这些需求点进行整合，最终得出一个综合性的调查数据报告，这些报告能够很好地指导我们进行后续的产品交互和视觉设计。当将产品交互和视觉设计完成之后，再用之前的数据去验证这些设计是否有效，并且符合用户对产品的需求。

与此同时，用户研究人员所挖掘出的用户需求又可能被分为两大类，这里用作者的话来说就是开发型用户需求和改进型用户需求。

在实际工作过程中，开发型用户需求内容往往覆盖了改进型用户需求内容。开发型用户需求实际上是指从项目策划阶段开始，也就是在一个项目策划初期没有任何竞品可以参考或是需要从零做起的时候，用户研究员们对产品的用户需求做的一个调研内容。当然，在调研之前用户研究员首先需要做的是确定产品的主要功能及服务人群。改进型用户需求指的是在产品项目确定之后或是已经有相对成形的产品模板之后，用户研究员针对产品特定的功能去挖掘有实际需要的用户人群。

总之，市面上所有的产品在研发之初都不是凭空设计的，在策划和研发每个产品之前，用户研究员都需要通过大量的数据分析及调研等工作来确定是否可做，并且在研发的过程中需要不断地用这些报告去检验产品。

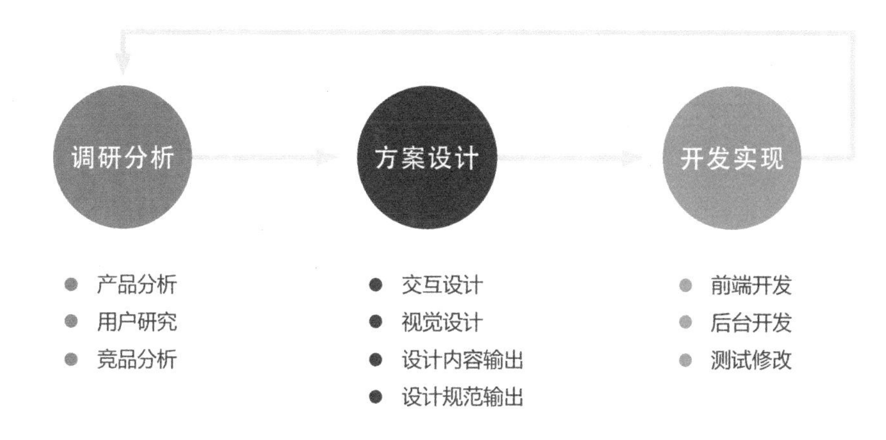

2. 用户研究的要素

在每一项用户研究工作的开始，用户研究员都需要掌握好产品研究的要素。先来看一张图，这是国外某知名设计师做的一个用户体验的要素分析图。在下面这张图中，能很明了地了解和知道整个用户体验的要素。实际上，每一个产品设计都是一个从抽象到具体的演变过程，同时也是一个由概念到完成的过程。在这其中，会涉及产品设计的方方面面，同时在整个产品实现的过程当中，必须以用户体验和需求为导向，包括产品目标与用户需求，功能规格说明与内容需求，交互设计与信息架构，界面设计、导航设计与信息设计及整体的视觉设计与表现等。

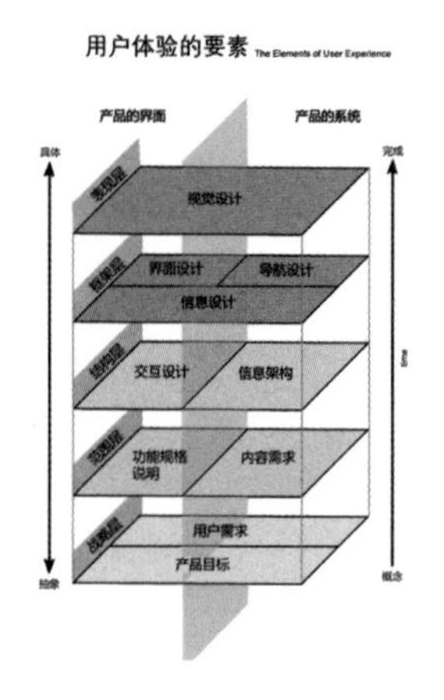

3. 用户研究的流程

* 阶段1 用户访谈——确定产品目标用户

在用户研究工作开始之际，用户研究员的工作内容相对比较辛苦，需要不断地观察市场及寻访用户。在用户访谈阶段，用户研究部门的相关人员往往会召集几个产品的特定用户来做相关调查与访谈。目标是确定出产品的典型用户范围，也就是愿意购买和使用本产品的人。将这些用户基本信息都搜集到以后，用户研究员一般会从每个用户群体的收入、性别、兴趣爱好及教育背景这4个方面入手做具体调查，目的是得到真实用户群体的具体需求和特征。

收入情况

针对用户的收入情况可以大概界定出适用人群的购买力，但客观情况下可能并不一定完全按照这个标准来。

性别、年龄

几乎市面上的每种产品都有它的性别偏向，就如化妆品一样，男人花钱买化妆品的几率远远低于女人，而且很多产品由于其产品特性也决定了其用户群体性别上的趋向性，如老年外套、青年男士皮包及青年女士香水等。

兴趣爱好

兴趣爱好决定了一个人的关键消费点，这些点往往很集中，并且趋向性很强，可以具体到一些细微的产品，同时在同一个兴趣消费点中可以分化出很多兴趣点。例如，一个25岁左右的男生喜欢摇滚音乐，其无论是穿着还是平时经常出入的地方都很有可能是和音乐相关的。

教育背景

教育背景，其实在某种程度上和一个人的兴趣爱好有一定的重合，教育背景有的时候也会决定一个人的消费观念或者消费理念，同一教育背景出身的大部分人在这些点上也都有很多惊人的相似之处。

当我们根据以上4个问题访问之后，就能大概了解到产品的适用人群，寻找到下一步需要调查的具体用户类型，并拿着这些数据去具体观察和访问这些用户群体了。

* 阶段2 场景还原——挖掘用户基础需求

有经验的设计师在经历过很多项目之后可能会发现，其实很多时候我们在做具体用户调研的时候很难直接挖掘和访问到所有合适的用户。因此，大部分公司为了能够节约时间成本或项目研发时间，都会选择从其他渠道了解和确定出一些典型的用户群体，然后做用户需求的调研与分析。

在这一阶段，测试员会在现场还原一些关于产品现实的购买场景或拟造一些现实可能发生的事件等，通过观察和问答的方式来了解到用户群体的一些具体的体验和感受，包括产品购买价格、视觉感受及使用时可能感受到的效果等，从而收集到一些用户的需求信息和意见，如果条件允许，也会使用到眼动仪等仪器，以提高调研信息的准确率。在得到相关的信息数据及生成相对成形的记录报告之后，用户研究员会通过这些报告信息写出一个具体的问卷信息表，为下一阶段的调研做准备。

当然，通过这样的方式调研出的用户需求信息很可能不能代表所有的用户群体的需求，但至少可以确定出一个大致的方向，这样做的目的是让项目流程能够顺利有效地进行。

* **阶段3 问卷调研——挖掘用户潜在需求**

在选择和确定好了一些典型用户之后，就需要这些典型用户做一些问卷调研。在问卷调研的同时我们能够挖掘出一些更多类似的用户群体，并且需要通过这些人群进行一些深度的调查。例如，可以直接给到他们一个与项目中的产品类似的App产品，让他们先使用一段时间，然后问问他们这个产品优缺点在哪里、是否好用。

搜集到以上这些信息之后，其中的一些具体细节问题及可能有一些延展性的内容都会被用户研究员们一一记录下来，同时用户研究员可能还会针对其中一些比较关键的问题对用户进行反复询问，例如，他们可能购买和使用产品的动机，以及买到产品后的真实感受等，这些又都是对消费者和用户心理需求非常有针对性的问题。确定这些信息之后，用户研究员会根据得到的数据与用户研究部的内部人员或相关决策层进行充分沟通和交流，以便进一步确定更真实可行的报告数据。

- 硕士以上
- 本科
- 大专
- 高中/技校
- 高中以下

- 21岁以下
- 22～29岁
- 30～39岁
- 40岁以上

- 学生
- 白领
- 非全职
- 公务员

这里以设计公司研发一个关于天气的App产品为例。目前，天气App产品几乎已经成为人们生活当中的必需品，需求量非常大。如果需要研发的是一个特定性很强的天气App产品产品，那么就需要明确地定义出这个产品的特性及其用户群体的需求点。在确定这些内容之前我们会针对一些适用人群进行纸卷调查，用户研究员也会通过网络问卷或其他渠道获取一些相关的调研内容，但是鉴于纸质问卷、网络问卷及其他渠道信息都缺乏主动性和完整性，在很多时候用户研究员得到的一些调查数据和结果往往在完整度和精准度上会有所缺失，所以，有时候会另外采取直接访谈的方式。

在直接访谈之前，用户研究员会召集一些特定的用户对象。在访谈的时候，研究员同样也会将访谈中涉及的一系列问题都一一记录下来。那么在关于天气App产品的研发案例当中，用户研究员可能会针对产品的特性询问到用户对象一些问题，例如：“你们喜欢什么样的天气？”“在你喜欢的天气当中你能想象到哪些场景？”甚至还有可能会问道：“在你使用的天气App产品中你希望的界面效果是什么样的，并且希望得到哪些相关方面的服务”等。这里同样也会有一些可用性测试的环节，也就是用户研究员们可能会直接给到用户对象一款市面上已经有的天气App产品让用户去真实体验一下，并且进行进一步的询问，例如：“这款天气App产品你是否喜欢使用？”“你使用起来的时候是否方便，有没有不满意的地方”等。

总之，问卷调研实际上是一项很复杂也很考验用户研究员能力的工作。当用户研究员们针对一个项目做具体调研的时候，一般的纸质问卷相对来说还可能简单一些，但是如果是面对面的用户访谈，在访谈之际，就需要用户研究员具备快速思考能力及判断力，因为一般来说访谈的时间都是短暂而有限的，这时候快速有效的思考和判断力就能够让用户研究员迅速并且相对精准地找到用户需求的关键点。

* 阶段4 数据分析——确定用户真实需求

当以上调研工作都完成之后，用户研究员会搜集到各种各样零零碎碎的调研结果和数据，这时候他们就需要对这些调研结果和数据进行详细分析和整理，并做重组与分类，最后生成一个清晰明了的调查报告，为下一阶段的模型研发做指导与参考准备。

那么在实际的工作过程中如何进行具体的数据分析呢？

实际上，数据分析是一项非常费时费力的工作。一般情况下，这时候用户研究员会将之前搜集到的调研信息进行归类和排列，做成一个或多个表格，分析数据的方式也分很多种，有单因素方差分析方式和描述性统计方式等。将这些调研信息分析、归类和整合之后，会生成一份完整的用户研究报告，这个报告也是用户研究员对以上工作的一个自我总结，同时这个报告也对产品后续的研发有很大的指导性，所以，它的重要性不言而喻。

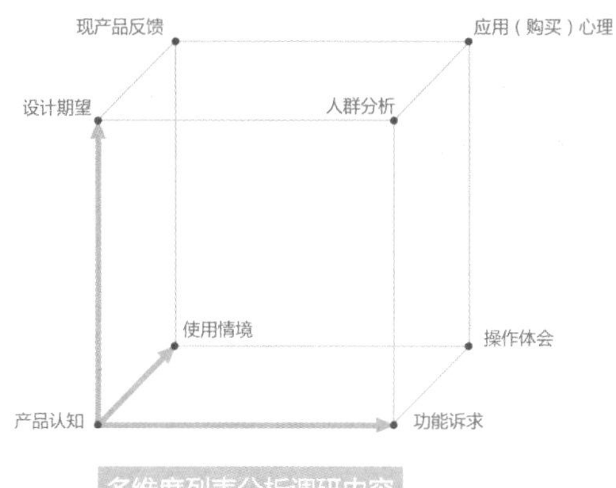

多维度列表分析调研内容

* **阶段5 用户模型——指定后期指导方案**

到了这一步，用户研究员会根据分析后的数据建立一个产品任务模型，这个时候所做出的模型就是相对成熟的制作指导方案了，而且最终生成的这份方案也可以用来作为交互设计和视觉设计的指导方案，以及后期的可用性测试指导方案。

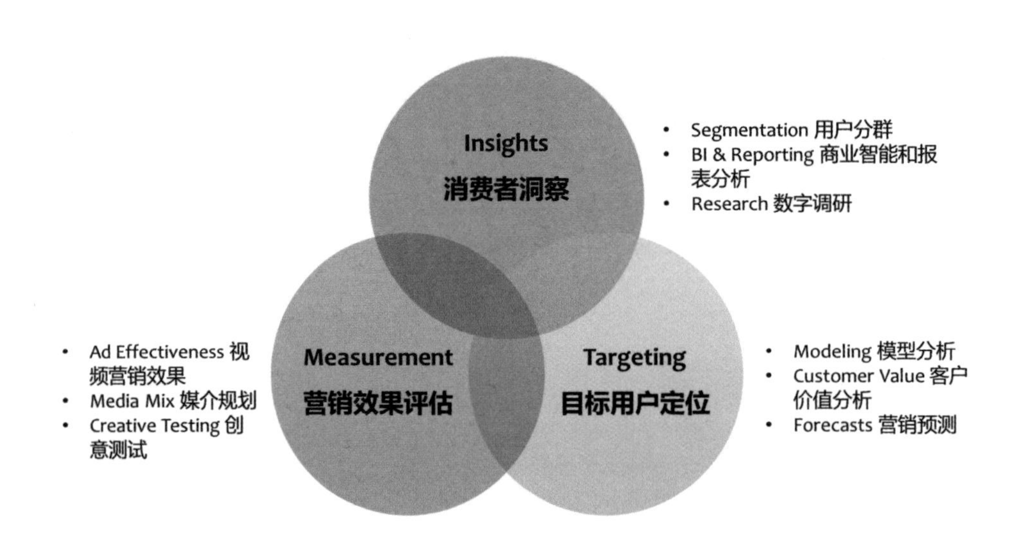

以上5个阶段便是一个大致的用户研究流程，仔细学习和观察后不难发现，整个用户研究流程也就是一个从了解用户到理解用户，再到分析用户和最后确定出用户对产品真实需求的过程。在这个用户研究过程中，用户研究员往往会随着每个阶段的推进得出各种各样的答案或是挖掘出更多让人意想不到的需求，而这些需求，是需要非常仔细的调研与广泛的数据搜集与整理才可以得到的，这些被整合后的数据就是会对我们今后设计真实产生作用的东西。

作者曾经经历过各种各样的App产品开发，其中也不乏一些特定性比较强的产品需求。例如，这里作者给大家介绍一款曾经在BMW公司合作研发的一款App产品，这款App产品只针对高端汽车产品用户使用，特定需求范围非常局限，所以，在调研的时候会得到一些非常精准、细致的调研结果。这些导向性非常明确的调研报告对于参加项目研发的设计师们来说往往是非常渴望得到的，而作者在之前说的天气App产品用户群体则是非常广泛的，这就要求用户研究员更加细致地去做更加广泛细致的分析和调研，才能挖掘出更为广泛和精准的用户需求，同时指导后续的设计研发工作能做到更好。

4.1.3 核心2——交互设计

1. 什么是交互设计

交互设计在很多公司被称作低保真图，有的也称作交互图。很多人在进入设计行业之初都喜欢将交互设计和视觉设计混为一谈，其实不然。大家之所以这样认为，可能在于在很多人手并不充裕或岗位并不明确的小公司内往往存在视觉设计与交互设计由同一个人或同一个团队一起做的现象。但作者认为，这种工作分配方式显然是错误的。

这里需要给大家说明的是，视觉设计和交互设计在设计工作中是两个完全不同的概念，以下图中交互设计师和视觉设计师看到同一样物体时脑海中可能会想到的事物为例，就一目了然了。

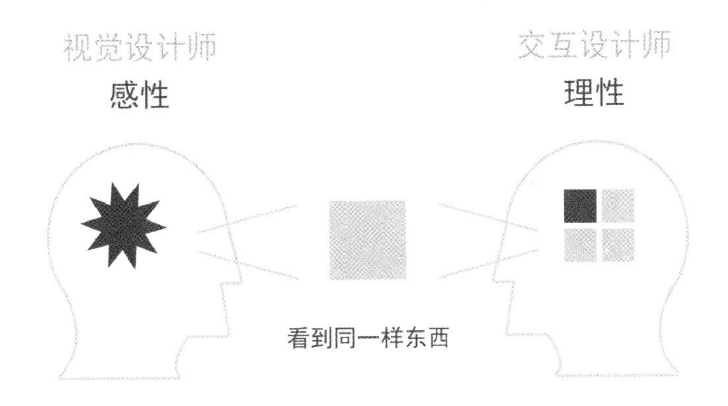

那么原因是什么呢?

首先，人脑一般分为左右脑，左脑主要负责理性和逻辑方面的思考，而右脑则主要负责感性和创造方面的思考。当交互设计师与视觉设计师同时看到同一个物体的时候，作用的大脑部位是不一样的。这时交互设计师往往是习惯用左脑进行分析，而视觉设计师则往往习惯用右脑进行分析。

一般情况下，交互设计师习惯出于理性的角度去分析事物的属性、来历及逻辑方面等，这属于线性的思维模式；而视觉设计师则不然，当交互设计师和视觉设计师看到同一件物体时，视觉设计师的大脑反射区域正好与交互设计师相反，他们习惯发散地去思考这个问题，如物体的颜色和形状特征等，甚至会想到一些看似和物体本身毫无关联的东西，这是一件很有趣的事情。

其次，交互设计师关注的产品整体与视觉设计师不同。在日常设计工作当中，交互设计师除了考虑产品设计本身的一些东西之外，往往还会更加关注整个产品使用的流畅度和用户对产品的具体需求，如按钮的位置或某个操作的流程设置。当然，也会有部分关于布局与排布的设计内容在内。

也可以说，整个设计项目中的所有流程和逻辑性的操作流程都来自于交互设计，所以交互设计与视觉设计之间的关系是最紧密的，因此一般人也很难区分。交互设计师制作出的线框图或者流程图往往都作为视觉设计师的蓝本，也可以说，一般整个产品设计项目中所包含的所有视觉设计内容都是在交互设计的基础上进行的。

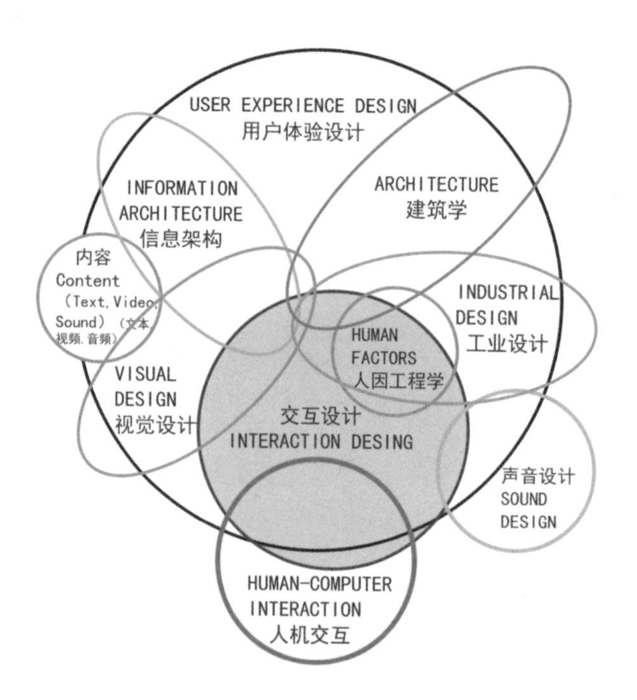

2. 交互设计的要素

在讲解交互设计的要素之前，作者在这里给大家展示一个交互设计的大概示意图。下图中描述的是用户点击page 1页面的Button按钮之后来到page 2页面的一个流程示意图，图中的流程示意内容非常简略，但实际上在涉及真实的产品交互设计的时候，并没有这么简单。在真实的产品交互设计当中，交互设计师需要针对产品用户本身认真地去思考界面中的每一页内容之间的关联，或者可能会考虑在产品中的一些特殊页面上做一些交互的动态设计与处理，这些都属于交互设计的范畴。

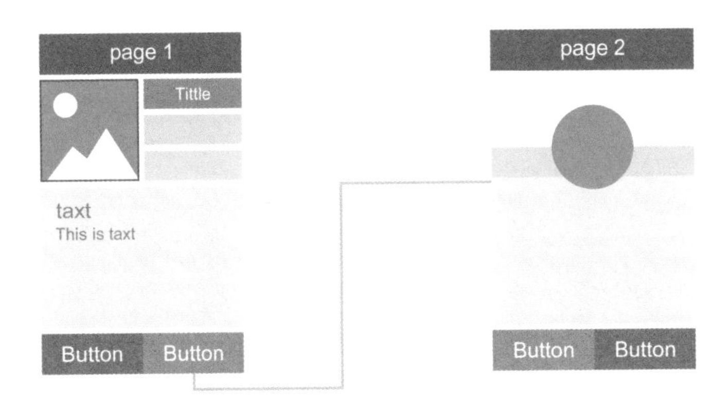

这时候相信大家会问:“什么样的交互才是好的交互？”这里要掌握好交互设计的两点要素，即信息与逻辑。

* **要素1 信息**

好的界面交互设计往往要求界面中的内容是完整的。当用户在使用产品的时候，界面中的每一步如何操作交互设计师都需要考虑到，或者说在用户真实使用产品的时候他们可能会希望在哪个地方有一个什么样的功能和服务，交互设计师们都需要去仔细模拟和揣摩，来保证所有界面的内容和相对应的操作区域都是完整的。

下图为日常生活中比较常见的一个App产品登录页面，同时也是一个真实的界面交互设计样式。在设计时，交互设计师需要考虑到图片与图标的放置区域，同时需要考虑后期视觉设计可能会涉及的图片颜色，以及功能操作区域的设计内容，就如图中界面上的锁一样，这里交互设计师需要用线框或按钮来区分出这些区域和内容，方便视觉设计师的理解，从而更好地完成设计。

* **要素2 逻辑**

在界面交互设计工作当中，交互设计师不仅要考虑界面所显示的内容完整性，还要考虑到交互逻辑方面的问题。

这里先看一个例子。假设需要制作一个购买平台，但是具体的购买流程需要去第三方天猫商城完成。在这种假设情况下，就需要对手机内的App产品的功能状态做出一个判断与分析。先观察图中左边的两个界面，当我们想购买一件商品时，却又没安装相关购买软件的时候，这时界面中就会出现提示内容来告诉用户需要下载相关的App产品产品，并且帮助用户直接跳至天猫商城的App商城下载页面。如果用户手机上之前已经下载过相关的App购买软件，就不会出现相关的下载页面，而是直接跳至商城页面。

像以上这样的页面逻辑其实更多的是对流程的一种分析与判断，对于这些界面上的功能与状态显示的分析与判断，在用户体验上是非常重要的。很多过于复杂的交互流程往往会使得产品丧失用户群，尤其是随着目前App市场发展越来越迅速的情况和趋势下，用户的忠诚度高低也越来越考验着设计师们。因此，不论是在App产品的商业价值、使用价值，还是在产品的交互性上，交互设计师们都不能松懈。

3. 交互设计的流程

在用户研究结束之后，交互设计师们就要正式开始介入整个项目中来了。在此之前用户研究员需要拿着一份最后的用户研究报告递交给项目老板及交互设计师，并且项目参与人员会集体做一些相关类的讨论工作，其中主要讨论成员包括用户研究员、交互设计师和视觉设计师，这个会议最主要的讨论内容的就是产品用户的需求，以及具体的设计工作当中需要注意的一些内容。在整个讨论会结束之后，交互设计师们就要开始他们的工作了。

* **阶段1 编写文档——确定用户流程需求**

在交互设计工作的开始，交互设计师首先需要根据用户研究员提供的相关调研报告及自身的一些客观的了解编写出一份文档。这时候用户研究员们往往得出的是一些用户很具体的需求，例如，用户在使用产品的时候希望看到些什么，以及用户通过使用能得到什么等。但这时候交互设计师所罗列和整理出的这些用户的需求内容也只是一个相对表面的文案内容，其中还有可能存在一些比较片面的想法和判断没有被及时发现。因此，他们需要将这些文案内容以流程图的形式呈现出来。

* 阶段2 制作交互逻辑图——保证交互的合理与严谨

先看下面这张图，这是某一交互图中一张大致的交互逻辑图，但在交互图具体设计的时候，往往还会有更多的细节需要制作。像这样的流程图是大部分的交互设计师都会经常使用到的，通过这样的方式交互设计师们能够很快地将产品整体的交互流程梳理明确，同时这样的流程表现方式能够让整个产品交互流程保持更好的严谨性和合理性。同时，在设计前期的交流和沟通阶段，这样的流程图也让观者更容易理解，同时也更易做出更改和调整。

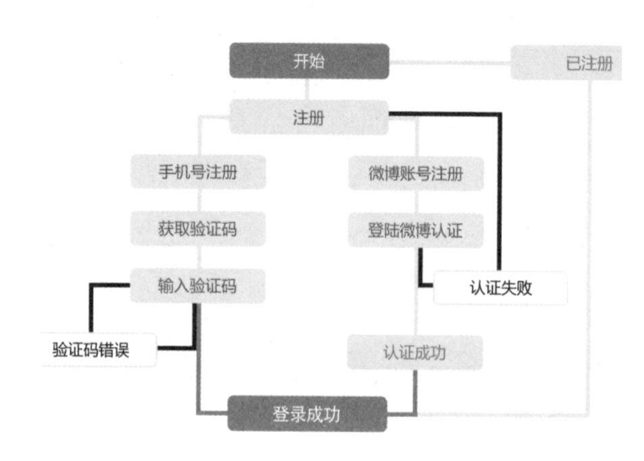

以上是以一种叫作“流程树”的交互流程图。下面再以一个例子给大家具体讲解一下交互设计的逻辑与流程。

这里给大家提一个脑筋急转弯问题，那就是：“把大象放进冰箱需要几步？”

把大象放进冰箱需要几步？

这个急转弯问题相信大家都不陌生，也许在问的时候马上就有很多人回答说：“分3步，第1步把冰箱打开，第2步把大象放进去，第3步把冰箱关上。”

实际上，作者在这里想借用这个问题给大家讲解和分析一些关于交互设计方面的知识，目的是告诉大家交互逻辑流程图是如何制作与实现的。这里首先将“如何将大象放进冰箱”比做用户的一个需求，这时候交互设计师需要做的就是将这个需求实现的过程通过流程图表现出来。

首先，将整个流程信息通过流程树的形式简单地表现出来。

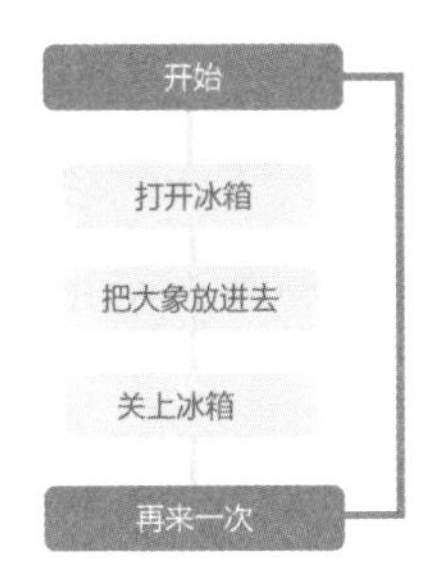

根据这个简单的流程树中的信息，绘制出一个能够让视觉设计直观理解的交互图片。在绘制时可以先在白纸上画出交互图的一个大概的样式，然后再用相关的专业设计软件进行绘制。这里作者就用软件绘制出了一个类似 iPhone 5s的交互界面图。

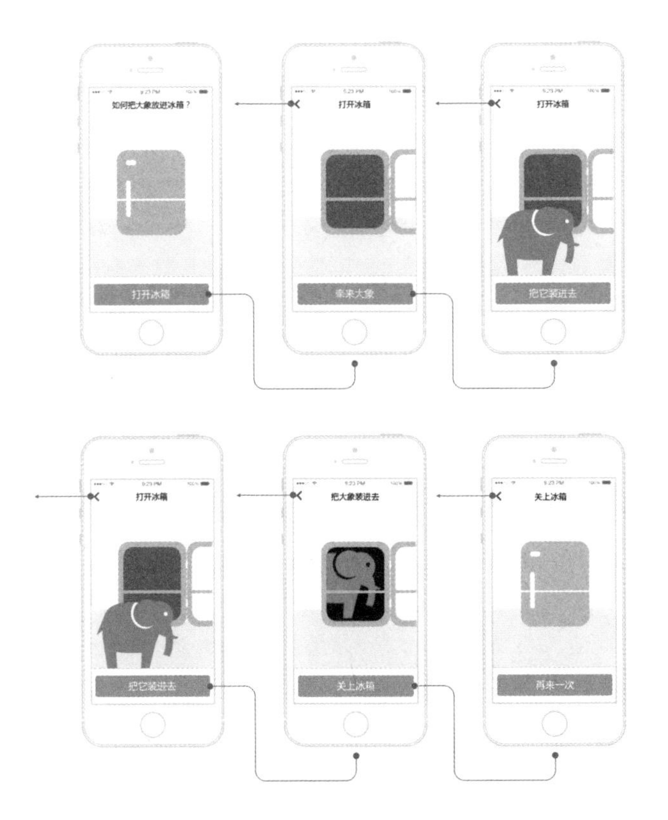

在整个交互流程图的制作过程中，不难发现，在流程图中不仅可以通过使用一些简单的方块来对文字和图片做整体布局，同时还可以为文字或者图片添加一些视觉效果，方便大家能够看得更清楚。

作者在这里使用的是Photoshop软件完成的绘制，平时在实际的设计工作中出于对交互界面的视觉效果要求，作者用的更多的是Illustrator软件来绘制交互图。但就作者的经验而言，在设计工作过程中最好用的交互图绘制软件是Axure（Axure RP）软件，Axure是一款功能强大的交互设计软件，它不但有各种现成的框条和动态页面等模板，也可以在网上下载一些产品模板在这里使用，另外还可以下载一些类似iPhone的控件来使用，以提高交互设计的工作效率。

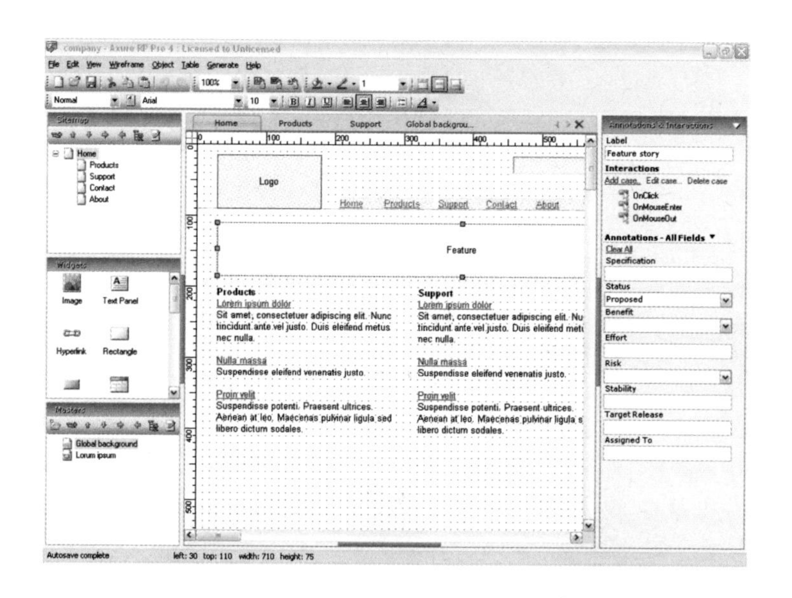

作为设计师，作者在曾经很长一段时间都是处于交互设计和视觉设计两者兼做的状态。同时从项目沟通、需求确定、参与用研、交互设计、视觉设计及到最后的开发工作等也都有涉及。因此，作者对项目的整体流程都有自己的一些了解。可以说，整个项目流程进行到这个阶段才算进入了真正的设计阶段。交互设计是整个产品设计的骨骼，它承担了绝大部分的页面信息和页面内容的设计与把控，需要将用户需求演变为真实，因此，在整个项目流程中是起到了承上启下的作用，重要性也不言而喻。

此外，国内交互设计的引进比国外的很多发达国家晚了很多，尤其是作者在刚接触设计这个行业的时候，交互设计在互联网行业还是一个比较冷门的区域。而且在后续的很长一段时间内，国内都还没有交互设计这个职业，而在许多设计项目中只单纯地存在视觉设计，所以，当时无疑也会出现一大批有着逻辑错误或交互错误的网页。直到后来，随着一些类似腾讯等大型网络公司的兴起与崛起，交互设计这个概念才慢慢在国内蔓延开来，这时国内的互联网行业才逐渐开始向着国际化和规范化方向发展。

4.1.4 核心3——视觉设计

1. 什么是视觉设计

一般来说，用户研究和交互设计在很大程度上是属于偏研究方向的设计工作内容，所以，用户研究员和交互设计师在大部分工作时间里都处在高强度的逻辑思维与流程记录当中。而相对他们而言，视觉设计师在工作时无论是在脑部反射区域上还是在整体的思维模式上，和他们都有着本质上的区别，这一点作者在关于交互设计的知识内容当中已经提及到。

当面对同一件事物时，视觉设计师脑部反应作用区域是右脑，而用户研究员和交互设计师们在很大程度上都是偏向于使用左脑。视觉设计师们在考虑问题的时候，首先思考的是产品看上去是否漂亮、视觉效果好不好，以及用户能不能很迅速和直观地查找到他们希望看到的内容等。而交互设计师和用户研究员更多考虑的是去寻找用户的一些深层次需求，例如，对App产品的一些功能需求及产品所涉及的一些商业内容等。

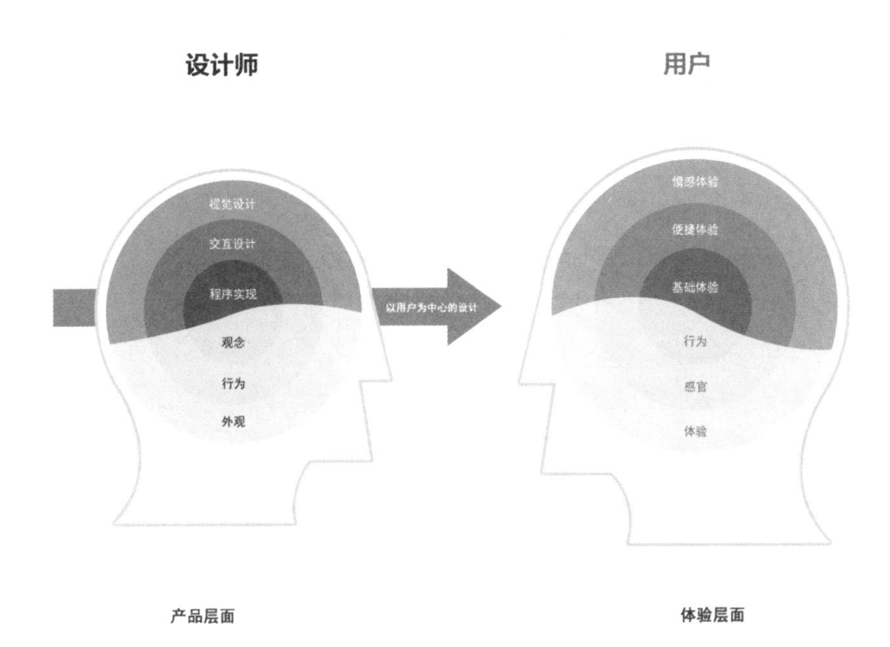

因此，在实际的工作过程中这两者往往会产生多多少少的矛盾与冲突，但是这种冲突对于产品设计本身而言并不是没有办法解决的。交互设计师、用户研究员与视觉设计师需要做的是学会转换自己的思维方式，多站在用户需求的真实角度去思考问题，同时交互设计师、用户研究员与视觉设计师之间需要多沟通、多交流，才能保证能顺利有效地完成设计。

为了促进交互设计师、用户研究员与视觉设计师之间的沟通与交流，在日常工作生活当中设计师们需要做到以下几点。

* **第1点 多走动**

在一个设计公司当中，部门划分一般会比较多，而且大家几乎经常都需要集体同时完成几个和多个项目，因此，互相之间的认识与了解是基本的。为了提高团队之间的协调，提高同事与同事之间的团队协作能力，大家在平日里都需要相互走动，这个在任何行业都适用。

* **第2点 多倾听**

所谓三人行必有我师，在与同事相处和沟通的时候，要学会多倾听对方的看法和意见。尤其是在一些讨论会上，作为设计师，需要有目的性和选择性地去倾听；同时，好记性不如烂笔头，对于设计师前辈或者同事传授的一些比较重要的方法，可以用笔记录下来，并时刻拿来阅读和温习。

作者在日常工作生活当中是如何做的呢？一般在开会的时候，不论会议大小，作者都一定会带上自己的笔记本和手机，笔记本是用来记录一些关键字和作者在倾听时想到的一些问题，而手机则是用来录制一些有用的语音，方便在业余时间用作二次学习和使用。

* **第3点 学会问**

在我们的日常工作生活中，敢问对于我们来说可能并不难，关键是在于如何问，而且是否问对人。在我们向同事或者别人提问的时候，一定要抓住重点，言简意赅，同时要找相关专业人士进行询问，以给别人更加充足的思考时间，同时也让我们得到的答案更加精准和全面。

* **第4点 多判断**

在每一个项目开始实施前，都要精准地判断出客户或决策层的设计需求，同时也要精准地分析出用户的真实需求，学会在设计工作当中不断检验自己的设计结果，总结出自己的一套经验，从而能使自己在以后能少走弯路，做出更优秀的设计。

* **第5点 多交流**

对于设计师来说，重复的修改和设计在日常设计工作当中往往是不能避免的，而在修改和调整的过程当中往往能让我们得到一些意想不到的惊喜。因此，大家要懂得在设计过程中与各部门的同事之间要充分的沟通和交流，以便及时发现设计中的一些问题，并及时修正。以便能及时提供一些有效的建议给决策层，然后方便再次进行调整。

可以说，视觉设计是用户研究和交互设计的最终呈现结果，它是需要真正面对用户的。在一般情况下，用户可能都没办法清晰地知道在一个产品中用户研究员、交互设计师和视觉设计师为此所做的工作和努力，但是用户完全可以通过视觉设计师在产品中最终所呈现出来的视觉效果及交互感来直观感受得到的。

2. 视觉设计的要素

与交互设计不同，视觉设计是相对主观和相对情感化的，它是面对用户的最终样式，也是我们所有研究和设计的最终落点，它要同时承载的东西并不少于用户研究和交互设计，甚至在某些意义上来说，它所涉及的内容更多于用户研究和交互设计。

人的情感和喜好是复杂多变的，无论是哪个阶段还是哪个场景，人都会有着不同的情感变化，而视觉设计在很大程度上是对场景的一种带入和引导。比如我们走进一间房间，首要关注到的是眼前能看到的灯光、颜色及房间整体给我们所呈现的质感，这些都是人们通过视觉给自己带来的最直观的代入感，这些代入感会给人空间和时间上的记忆，而视觉设计师，就是要给用户设计这些记忆。

在产品中，所有的设计都应该是为产品的商业价值服务的，而这些商业价值多少都来自于用户的需求和用户的喜好。因此，准确地抓住这些用户需求，是非常关键的。所以，在视觉设计中同样要把握好一些关键的要素，那就是设计的合理性、统一性及规范性。

* **要素1 合理性**

所有的视觉设计首先遵循合理性，这里所说的合理性主要是用户需求的合理性。例如，按钮的颜色、大小，以及文字的排布大小和方式，这些方式都应该是依附于用户研究和交互设计之下的。因此，在每一次的视觉设计中，对设计的调整与修改都需要有充足的理由，例如，按钮的颜色变化是因为符合VI还是为了符合按钮的属性，这些看似小问题但却并非如此，因为对于产品而言，每一次细节上的调整都是对产品整体形象和架构的一次填充。

* **要素2 统一性**

在产品设计中，每一个板块和内容的排布保持VI体系的一致性是很重要的，一般情况下，相同内容在不同场景的表现形式下所展示的样式应该是保持一致的，因为用户在不同的场景或界面跳转的时候，见到的和使用的元素内容都是一个统一的样式，这样也就减少了用户的使用成本和学习成本，同时也能够将整个产品设计语言很好地贯彻于用户的记忆中。

* **要素3 规范性**

艺术很多时候是不需要规范的，甚至很多优秀的艺术都是打破规范的。但是，对于产品设计而言，就不一样了，产品是工业产物，而工业产物之所以风靡流行并且能够被广泛使用，其中一个很重要的原因就是这些产品具有自身的规范性，质量和产品性质都有固定的保障，而视觉设计规范对于App产品来说就是质量上的保障，它保证了产品的稳定性和可用性。规范是一个产品设计过程中贯穿始终的东西，对于设计师而言，严谨的规范是必要的，对于开发而言，设计的规范是必要的，因为开发需要根据一个具体的规则进行，而且真正完整的规范是包含了交互设计和视觉设计在内的一个完整的产品规范，这个规范，最终会成为整个产品的指导纲领。

3. 视觉设计的流程

在整个设计体系中，我们将用户研究、交互设计和视觉设计剥离开来的原因是每个环节的工作内容本身有所不同，但是每个环节之间的联系和互通是不应该被闭塞的。事实上，不论是交互设计师还是视觉设计师，都应该在研究的环节就开始介入到整个项目，并且通过现实情况更多地去了解一些产品存在的客观问题和用户的一些真实需求，这样一来，在产品到达最后的视觉设计环节时，设计师对产品的分析就不会变得片面、主观和被动了。

视觉设计作为整个产品设计的最后一步，是承接开发和生产之间的重要桥梁，所以，在细节上需要做到完整到位。从视觉设计工作结束开始，产品的整体阶段就已经进入了最终的开发阶段，大部分的产品因为周期的原因，在已经确认交互设计的时候就已经进入到了开发阶段，所以，在整体的工作周期上，视觉设计和开发在时间进度上是重合的，而在整体视觉设计完成之后，开发就进入最后的视觉调整和测试阶段。

下面为大家介绍视觉设计的基本流程。

* **阶段1 需求分析**

需求分析是一次对设计之初的整体需求的检验和判断，这些需求包含用户对产品的体验需求、用户的群体特性（例如，用户是什么身份和什么消费水平等），以及用户的使用场景分析等，这些分析用户的研究会生成报告。而视觉设计师应该在这个分析上提取自己需要的信息，例如，用户喜欢的设计风格、样式和颜色，等等，同时，这些分析在性质上应该是客观的，并且应该是有指导性的。在后期的视觉设计中，视觉设计师应该是依靠这些客观性的数据对自己未来的设计做一个预展和判断，并且制作自己的设计方案。

* **阶段2 规范分析**

结束了基础的需求分析之后，设计师就要开始对更深层次的视觉设计规范进行需求分析，视觉设计规范需求分析是对整个产品规范的预展，同时也是对可能出现的一些设计元素之间关系的一种规范。规范就是每个单元和每个元素之间的关系规定，这些规定就像交通法规一样，指挥并且协助每个单位能够在正确的方向中用正确的方式进行运作。

* **阶段3 概念设计**

概念设计是真正视觉设计的开端，也是视觉设计中最难的一个部分。因为在概念设计中，设计师需要把之前获取到的所有信息进行整合，再用主观的视角去处理一些客观的需求。如果这时已经有现成的物料或者设计还相对容易，这时设计师可以基于一些现有的物料进行延展，但是如果在没有这些条件的基础下开始的话，就相对复杂了。这时设计师就要不断地和不同的角色“碰撞”，同时这些“碰撞”是很重要的，例如，和用户研究员讨论用户的需求，和交互设计师讨论每个路径的思路，和开发组讨论设计的实现难度以及可能性等，这些都是视觉设计师需要顾及到的。

* **阶段4 设计输出**

在视觉设计师和用户研究员、交互设计师或者开发组等多方部门确定设计方案之后，视觉设计师要做的就是一步步地将概念设计中的思路实现到每个具体的交互页面当中去，并且做到每个页面的统一规范。那么对于设计师而言，这个步骤是相对无聊并且比较劳累的，因为在输出不同页面的时候，设计师们总会遇到各种各样的细节问题，这些问题有的时候甚至需要设计师对一些设计内容进行概念上的修改或者妥协。因此，在这个步骤中，我们最需要的是视觉设计师的细心和耐心，慢慢地修改每个页面内容中所出现的问题，让产品能够统一完整，并且尽善尽美。

* **阶段5 规范输出**

规范输出是整个视觉设计流程的最后一步，也是对设计输出的一次规范化整理。在设计输出流程的时候，设计师就应该已经对自己的设计进行了无数次的规范和检验了。那么再到了规范输出的时候，视觉设计师更多的是需要在一些与交互细节和开发细节相关的视觉内容上做一个统一的规范和调整，而在规范输出期间，也可能会涉及设计输出的调整，因为某一个模块的内容在一个页面上的调整或者在多种不同情况下的变化都是在规范输出中可能会出现并且需要视觉设计师随时考虑到的问题，如一些按钮的大小、颜色及排布、模式等，优秀的设计规范可以帮助设计师们对产品的整体思路做一个系统化的梳理和调整。

另外，必须提到的是，规范输出在产品中有更新性，因为增加模块或者变化模块都可能涉及规范的变化和增减，所以，规范的输出是有版本性质的，也就是说，规范输出流程是对产品做出最终优化的表现。

4.2 如何保持快捷有效的沟通

在日常工作中，我们往往会发现这样一个问题，便是很多设计师虽然在设计水平上有比较高的造诣，但是在沟通上却存在着各种各样的问题，这大大阻碍了各部门之间的沟通力度和工作之间的协调性。而且，目前有很多设计师都喜欢闷头做设计，而忽略了沟通的重要性。好的设计，往往是靠团队之间的密切沟通和交流，以及人与人之间的密切协作才能完成的。下面，我们以一款叫作Path的App产品为例给大家做一下相关方面的说明。

Path是一款来自美国的社交类App产品，大家可以先看看自己平时使用比较多的一些社交软件产品，再来看看这一款社交产品。经过详细对比后会发现它们之间的一些不同之处。

首先，成功的交互方式、私密的好友设置、有趣的动态按钮及超前的视觉效果等，在这款产品中都一一得到呈现。而这些有着非常前沿、非常成功的优秀设计都是如何诞生的呢？相信大家不会认为这只是从某一个国外非常知名的交互设计师或者视觉设计师手中得来的。这里面所涉及

的一些深层析理念与思维，大部分来自于项目团队中的用户研究员们或者策略小组，而灵动有趣的交互形式，如流畅变换的时间轴和内容样式等则首先来自于交互设计师们，然后交由视觉设计师来设计与实现。因此，一个好的产品，离不开一个有着良好配合度和保持密切联系和沟通的团队。

然后，作者在参与一些实际项目时也发现，大多优秀的设计师团队所设计出的优秀产品并不是凭空而来的，而是通过反复的交流沟通和一次次头脑风暴后灵感的碰撞而得来的。因此，当作者看到Path这款出色的产品时，不禁为他们背后付出的心血而感慨。这也说明，一个闷头做设计的设计师是很难做好设计的，而优秀的设计理念与灵感多来自于设计师自身开放性的思维和设计师与设计师之间反复的沟通和交流。

那么在具体的工作交流当中，我们应该如何保持快捷有效地沟通呢？首先有一点非常重要，那就是在整个沟通和交流当中各部门始终要互相贯彻一个完整的设计理念和思想，并且在整个项

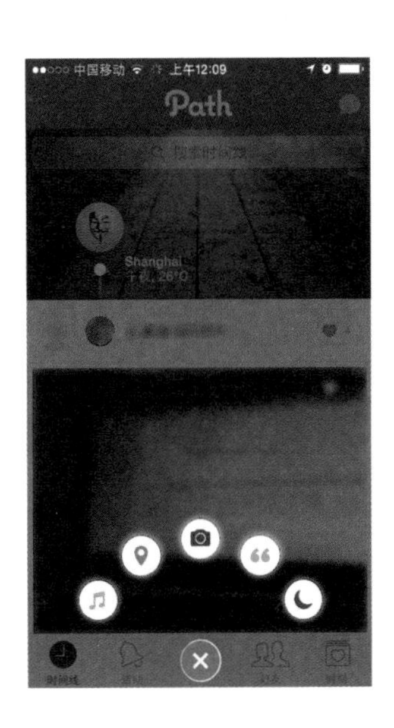

目实施过程中都要坚定地奔着这个目标而去。这一点是作者在以前的一些好的设计团队中所看到的一个团队共性，这样一是为了保证设计理念与用户需求的一致性，二是避免出现一些不必要的争执。但这样并不是意味着大家在设计的同时不能提出在设计中检验出的一些问题或个人的一些看法，这样的坚持往往是为了更好地检验大家提出的问题和相应的解决方案是否可行，也是设计的关键。

在具体的设计工作沟通和交流中，需要注意以下3点。

* **第1点 沟通需要面对面**

很多时候设计师们在繁忙之际都太依赖于如QQ或邮件等进行工作沟通和交流，即便是同事之间只是楼上楼下的距离。作者是非常建议使用这些交流软件来进行一些很重要的事宜沟通的，为什么呢？作者记得曾经在一本书籍上看到过一篇关于沟通心理学的书，书中写道：“人与人之间的沟通80%来自于肢体语言。”作者对这个观点非常赞同，实际上面对面的沟通所产生的效率是任何沟通软件所不能比的。

所以，作者在平时连电话都不太喜欢去使用，因为这样沟通得来的效率往往太低了。因此在这里作者给大家的建议是，QQ、微信或一些其他网络交流软件作为平时的一些基本交流渠道是没有什么问题的，但是对于一些比较重要的项目事宜最好是面对面沟通，这样一是可以保证表达尽量准确有效，同时大家沟通起来也会更加方便，容易很快达成共识，建立认同感；同时，在发送一些正式文件或者项目确认函的时候不适宜直接用QQ邮箱直接进行编写或发送，因为邮件内容尤其是涉及一些设计理念的东西被抄袭的情况作者也没少见，同时在发送之前一定要反复检查，避免错发或漏发。

* **第2点 沟通需要谦逊**

在日常的工作交流中，大家一定要保持谦虚求学的心理和态度。首先，要学会懂得支持和肯定别人的工作成果，并且对其他同事的一些好的建议或者意见加以赞同；不要随意去谈论一些自己不擅长的话题，而且在这些方面要多做求教和学习。在职场中，不论我们在哪个职位，都一定做一个谦虚谨慎、愿意倾听别人意见的人；另外，大家一定要在每次得到同事的帮助时都给予微笑并且说一声谢谢，而这些细节上的动作和语言往往能够打动人，并且让别人看出你的真诚。

* **第3点 沟通需要让步**

在设计工作当中，经常会有一些大大小小的会议出现。在这些会议当中往往不会让大家马上就要想出一些很具体的设计方案，而是先提出每个人的观点之后供大家讨论，然后从中总结出一些设计理和想法，并且大家达成一致的这些想法在后期很有可能会被运用到设计项目当中。因此，在这些大大小小的会议当中，或者包括在平时的工作生活当中，大家都要保持一个谦虚求学的心理，在团队协商中不要太过偏执或一味地坚持自我观点而不肯轻易让步或做出改变，这样会让其他同事感到为难。

当然，让步不代表无原则的让步，适可而止即可。例如，在一些我们已经讨论过的结论性问题上，如果有人有争议或者是全盘否定的话，就需要相当谨慎了。这时可以适当在一些具有建设性或改进性的意见上做一些让步，同时也是基于一切条件允许并且团队中的所有人都认可和愿意的情况下。例如，产品如果需要增加一些功能，可以在客观条件都允许的情况下给予增加，并且一定要懂得在针对这个功能增加所花费的时间一定要向对方和管理层获取充足的时间或资源，如果只是一味地被要求增加而不去申请给予充分的时间或资源，则往往会使自己变得非常被动。

* **第4点 沟通需要耐心**

在日常的工作交流与沟通当中，很多设计师由于被工作的琐事萦绕于心，因此在与同事交流时包括在做一些重要的沟通时可能都表现得过于简单和草率。我们知道，独立的个体，有时候工作中的沟通不到位很可能导致整个项目出现问题，严重的有可能还会影响公司的未来和发展。

因此，作者在这里提醒大家，尤其是设计师，在一个项目团队中，每次无论是部门与部门之间的沟通，还是设计师与设计师之间的沟通，都要非常谨慎而有耐心，当发现对方还不是太明白时，一定要善于给对方做详细分析和耐心解释。同时，对于对方所表达的一些东西自己感到不太明白时，要耐心地再次询问，直到自己彻底明白为止，这样才有利于整个团队亲密无间的合作，共同顺利地完成一个好项目。

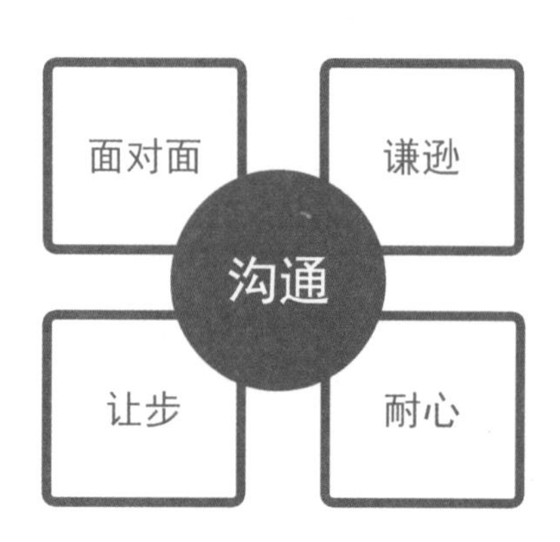

4.3 如何表达设计创意与想法

在日常设计工作当中，最常见的就是当设计师完成一个设计任务之前或之后就需要向老板、客户或者是在会议上向参与设计项目的相关人员表达出自己的设计理念与想法。有时候，设计师能做出一个好设计，却不知道该去如何表达自己的创意与想法，这是非常尴尬的一个事情。作者会耐心地给大家说明一下这些问题，并且教大家如何避免和解决。

当我们好不容易完成一个设计任务，而且觉得自己完成的还不错时，首先应该对自己的设计保持足够的信心和乐于向大家分享自己设计成果的勇气。这对于设计师来说是必不可少的，而且这样接下来才能鼓励自己为大家做一次成功和精彩的会议演讲。也可以说，能够做出好设计又能很好地表达出自己的设计理念的设计师才是相对成熟相对优秀的设计师。而且之前作者也强调过人与人之间面对面交流的重要性，这是不可否认的，而设计师如何很好地与别人进行交流和分享？就应该从演讲开始。

大讲堂

在设计师培训当中，我们往往很喜欢去强调一点，那就是胆大心细。“胆大”对于设计师来说毫无疑问是非常重要的一点，因为这样对于设计师思维的开拓和灵感的挖掘都很有益处。那么在设计工作当中，“心细”往往指的是在一些细节上的把握，以及与同事沟通和交流的时候，能有一个缜密的思维去引导到项目团队中的同事，让他们能够充分了解你的理念与想法，从而更好地完成设计。但作者见过一些设计师，他们的设计水平其实非常优秀，但总是局限于口头表达能力，因此，很多自己的想法或是设计理念都没能够最大限度地发挥出来，加上缺乏表达和对其他成员的思维引导，导致一些好的设计理念没有在产品中很好地体现出来，这其实非常可惜，也是作者非常不希望看到的。

那么针对在设计工作中如何表达自己的创意和想法，作者在这里总结了自己的一些方法，希望对大家能够有所帮助。

* 第1点 对着任何东西演讲

胆量并不是凭空而来的，而是需要不停地去锻炼，作者的锻炼方式说出来可能大家会觉得有一些滑稽，不过就作者实践后而言还是很管用的，那就是平时大家可以独自对着任何一件东西做模拟演讲，如对着一面墙、一面镜子，或者是对着一棵树……

大家在面对这些东西进行演讲时，尽可能地把它们想象成会议现场中真实的听众。并且尽可能地大声演讲，不要害怕出错，在结束之前不要去更正或停止演讲中出现的一些语误或者其他问题。同时，在演讲结束之后注意将演讲过程中出现的一些失误和问题都一一记录下来，然后再来一遍，直到顺利结束为止。在这样的演讲过程中我们不仅能够提前发现自己的一些不足，例如，声音太小，容易停顿或重复，或者带有口头禅等一些不好的表达习惯，还能够锻炼自己的逻辑思维，以保证演讲的流畅性和有效率。

当然，在克服这些问题之后，大家不妨去寻找一些公众场合召集一些朋友做面对面演讲，尽可能地克服掉自己的紧张和恐惧心理。

* 第2点 事前准备

在演讲前，有一个好的准备工作是必不可少的。这里说的准备不仅是心理准备，还有手上准备。相信大家都知道，一般的公司或者项目会议都流行使用PPT幻灯片进行演讲，也相信大家知道其具体的做法。我们在做的时候不仅要知道如何做，还要细心将需要演讲的内容在PPT文件当中梳理好，方便在演讲时对自己的思路有一个好的引导，而且在演讲之前还需要准备好除PPT之外的一些工具或者材料。另外，在会议开始前尽量保证提前到场，有一个熟悉环境和调整心理的时间，千万不要迟到，不然很可能导致功亏一篑。

* 第3点 句句攻心

在演讲过程中，要做到句句攻心实为不易。因为演讲对于演讲者本身来说时间非常短，同时又要保证在这段时间之内把前期的工作内容及后期的工作规划都要阐述清楚，同时要保持足够的清醒，这对于一个正常的演讲者来说都是一个不小的挑战，而对于心理素质不佳、表达能力不够好的演讲者来说就更难了。

具体应该怎么做呢？正所谓：“传播思想最好的办法就是在对方还未感受到你的意图时直接灌输于他们你的思想。”这关键在于在思考模式上取胜。首先，在开始一个演讲之前，要充分了解这个项目的前前后后，而且学会去调研这个项目的负责人和项目的用户背景，了解他们的喜好、审美状态甚至是他们的生活习惯，根据这些习惯或是爱好，我们能够做出一些判断，比如他们相对喜欢什么样的颜色或他们相对喜欢什么样的设计等，以便对设计有一个准确地把握和想法。因为一般来说抓住人心的方法就是去研究他们的行为习惯，并且了解他们想要的是什么，同时在他们做出自己的主观判断之前用合适的方法和正确的理念去影响他们，告诉他们最后具体什么样的选择才是正确的，这是一门学问，也是心理暗示的一种有效手段。与此同时，在演讲时要学会去多提一些设计内容本身方面的优劣，以及设计理念的独到之处，然后尽可能地得到听者的认可。

最后，总结几个针对演讲需要注意的基本问题。

（1）演讲前尽量准备PPT，且尽量将PPT材料准备得足够充分；同时，标题醒目，少字多图，内容靠口头表达，让展示图片丰富一些，便于大家快速理解。

（2）演讲中禁止用大白话，专业内容上尽量用专业术语，让人听得懂的同时又不失自己的专业素质与水准。

（3）对于演讲中比较关键的点可以反复提及，并且学会不断地抛出问题并解决问题，以引起大家对设计要点的重视，同时又让大家保持尽可能地肯定与认可。

（4）在演讲过程中，适当的幽默是很有必要的，这样可以在演讲间隙活跃一下现场气氛，又容易引起大家对演讲的兴趣。

（5）把握好时间，针对这一点作者需要提醒大家的是，任何听众对于演讲精力最集中的时间只保持在15分钟左右，而且在内容太过枯燥的情况下可能只保持在5分钟左右。因此，在演讲时一定要把握好节奏和时间，语句要凝练，要点要清晰，总结要到位，避免演讲结束得太过仓促。

伍

把握设计要点

——牢牢抓住用户眼球

· 步步为营，从交互开始
· 深入人心，所见即所得
· 把握潮流趋势，做更好的设计
· 一像素定好坏，如何处理好细节
· 探寻设计价值，理解设计的真正意义

App DESIGN

UI设计行业是一个快速发展的行业，几乎每天都充溢着新产品的出现和旧产品的淘汰，因而也导致许多新产品上市不到几个月就可能被迫下线。现代产品的更新周期速度实在令人费解，例如许多App产品的小样本往往在每周五就可能会被人想方设法地重新赶制出来，并上传到市场，好让用户们在周六时能看到更新提示，以此来提高产品的关注度。这些层出不穷且又迫于无奈的营销和推广手段无一不在提醒我们这个行业的现状，而如今的互联网时代是一个开放和资讯爆炸的时代，相对传统产业的创业模式和产品推广手法来说，互联网产业较低的成本和较低的技术门槛使得很多人能在进行互联网创业或做互联网产品推广时更容易取得成功，且甚至让一些原本我们以为并不起眼的行业成为了如今生活中必不可少的元素。所以，如何看待和处理社会中所发生的一切产业现象，并做出合理的判断是我们需要时时刻刻提醒自己的。尤其是对于一名设计师来说，是否能够对设计保持着足够灵敏的嗅觉和是否具有超前的设计思维，决定着你是否能够做出真正符合当代人的设计，甚至是否能引领未来的设计发展方向的重大因素。

5.1 步步为营，从交互开始

之前我们说过，在一个设计项目中，真正的设计应该从交互开始。显而易见，交互作为整个设计的开端是非常重要的。在一些大型设计公司中，从用户需求分析到流程图的设计，再到交互设计，这中间的工作内容是相当烦琐的。在淘宝和支付宝等App产品设计当中，会涉及非常多烦琐、复杂的交易流程、注册流程和认证流程，而这些流程往往决定了整个产品的设计走向和市场趋势。因此，对于某些方面而言，交互设计往往会比视觉设计重要，因为它决定了产品的框架和结构，以及结构与结构之间的联系，这里边需要一个缜密的设计思维，以及对用户体验有一个相对极致的把握，才能给视觉设计师提供一个好的设计原型。

这里所说的“步步为营”，需要的是视觉设计师和交互设计师之间能紧密联系，任何沟通失误或交流不到位都有可能导致最终设计质量与理想化的偏差，而且这也是我们在每个设计项目中都不希望看到的。

就作者而言，作者希望视觉设计师最好能够在这时候真正参与到交互设计的工作当中。而且，在作者现在的工作当中，必要的情况下也经常是在尝试交互设计与视觉设计相互结合着来做，这样做的好处在于一是能够提高设计进度和流程，提高工作效率，二是能保证在交互与视觉这两项任务之间设计师们能有更好的协调，以尽量减少设计质量与理想化的偏差。

但又说回来，大部分设计团队考虑将交互设计与视觉设计分开来做其实也是正确的，这两种思维的转变会让很多设计师失去在交互或视觉上的独创性，而两种思维混合在一体的时候也同样会让设计师出现一些设计灵感的缺失。因此，两种工作方式都有利弊，需要大家在具体的工作中好好权衡，作者认为相对合理的方式就是视觉设计师可以尝试加入到交互设计的工作当中去。

就作者而言，在一个项目团队共同研发一个App产品时，交互设计师往往也很乐意让视觉设计师参与到交互工作当中来。因为在这样形式下视觉设计师会对整个设计理念和想法有一个更充分的了解，也能在一些实际的沟通与交流当中给交互设计师带来更多的灵感。

例如，在一些基础的界面排版上，视觉设计师能够及时有效地帮助交互设计师将每个页面排布得更加合理和美观。因为在交互设计工作中，交互设计师往往会更加注重交互方式的合理性，而忽略掉一些页面排布的问题，而这些问题可以在交互与视觉同做的情况下得以解决。

在这里作者为大家举一个例子。下面左图中我们通过几个简单的图标示意和区域示意让人感觉界面一目了然，并且也不会觉得有什么不合理。但事实上这样的交互并不适合于最终设计出来的产品界面的布局。因此在这里，我们往往需要通过视觉设计师对界面做进一步的设计之后，再来对界面的交互做合理性的调整与优化，且实际工作中大部分的交互设计也都是在优化流程和交互逻辑的基础上进行的。接下来，在通过视觉设计师合理的文案排布和处理之后，界面（见下面右图）能够充分的显示出图与文字之间的关联，同时扩展式的Button 图标也使得整个页面显得更加紧凑，整体降低了高度的同时也增加了界面的空间感和单击范围。

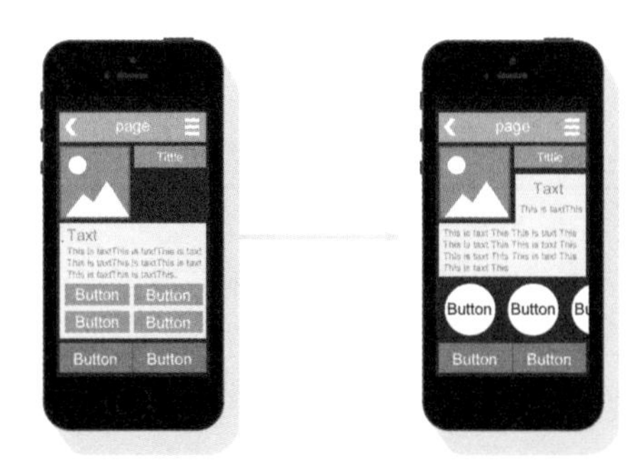

对于交互设计师而言，一般页面逻辑性和内容区域上的判定对他们来说是没有什么难度的，而且一般来说一个称职且优秀的交互设计师在制作一个交互图的时候往往会为视觉设计师考虑到一些内容布局上的问题，做到标注明显，逻辑清晰，但是在面临一些关键性内容的表现形式和一些细节设计上的处理，就需要视觉设计师与交互设计师有一个更加充分的沟通和交流。那么这时候如果视觉设计师们能够更早地参与到交互设计工作当中，就会避免后期一些不必要的麻烦，同时交互设计师与视觉设计师的紧密配合，可以保证整个项目的执行效率和执行速度，并顺利完成设计。

5.2 深入人心，所见即所得

“所见即所得”是一个宽泛的概念，核心在于目标导向是什么。例如当某个用户想要唤醒某个页面时，可以单击页面搜索框，并轻敲键盘，输入的内容就会出现在搜索框中，从而实现唤醒操作，这是很典型的一种用户惯性思维引发的交互操作。

一个完整产品中，视觉和界面设计是表现手法，是用户真实直观看到的东西，它需要有引导性，需要有统一性，需要有直观性，而这些属性，是需要通过交互设计和用户研究来达成的。用户能看见的是一个表层的东西，在这个背后却是对整个用户目标，体验流程等等的规划和梳理，这些梳理，不是简单的画画线框图，而是要将各个分散的用户体验目标点，和产品需求点，一个个合理的联系起来，并且尝试寻找和挖掘，每个需求点连接的最优解决方案。这样，再通过视觉表现出内容，才是个好的App产品。

5.2.1 设计之初，从用户需求出发

通讯设备以及PC产品的爆炸式发展速度，使移动端产品从以往的按键式功能操作形式转变为现在的触屏式功能操作形式，使产品中的实体按钮转变成了现在界面中的触控式按钮，而用户的使用习惯也开始从过去的关注键盘转变成了关注屏幕。因此，针对现代的移动端产品，用户的极致体验应该是能够在产品中有效率地寻找到自己想要得到的信息。

因此，要保证让用户感受到“所见即所得”的第一步就需要了解用户想得到什么，然后再考虑在产品中呈现什么内容、内容如何设置、功能与服务如何安排等，而这些在设计之初需要提前考虑到。

在这样的基础上，界面的使用便捷性就显得尤为重要。自实体按钮从移动设备上消失之后，在很大程度上提高了用户的使用效率，同时用户对界面的操作功能需求也越来越高，而且对于可视化图形的依赖性也越来越强。

下面回忆一下最早的苹果App产品风格。在扁平化界面风格开始流行之前，苹果手机的所有操作界面在按钮和视觉效果的处理上都相对立体化，而这些立体化的设计处理往往是为了通过视觉设计来提示用户界面中各种内容的性质和作用。因为在移动端产品刚刚从之前的实体按钮转变成为屏幕按钮之后，用户在界面操作上往往会产生一些模糊的概念，而且针对年龄稍微大一些的用户面对这些新型化产品时就可能显得更加手足无措了，所以，以往的一些立体化设计相对实体设计而言就起到了一定的引导性作用。

如今，大家已经能够习惯性地操作和使用这些产品了，界面设计也从开始的立体化转变为扁平化设计，而用户在使用这些产品的时候往往看到的是界面中的视觉设计，看不到的是界面设计背后的一些东西，如下图中大家所看到的界面，在界面中不管是单击图片区域或MORE按钮都会跳到图中右边的同一个页面上，那么对于交互来说可能都一样，但对于用户来说这实际上是两种完全不一样的感受，很多用户对于界面的操作会更趋向于单击所看到的区域，但很多设计师往往都会忽略这些细节上的问题。

5.2.2 理论学习，追溯产品本质

对于很多设计师或初学者来说，他们对设计都不会有太过深刻的理解。并且目前有很多工作经验很丰富的设计师，也并不是太重视理论知识，这其实是一件很可怕的事。作者在大学时学到了非常多的设计理论和知识，后来工作后这些东西在工作生活中可能表面上也没给作者带来什么太大的用处，但是后来作者发现，这些理论上的东西，往往能够引导我们从产品的源头上去寻找整个产品的属性和本质，这也是大部分设计师会忽略的，而恰恰是这样一极少部分的人能够真正掌握的内容，才能让设计师的设计如何做到深入人心，达到“所见即所得”。

作者在大学时是一个非常愿意把时间花在图书馆里的人，所以有很长一段时间作者都在读一些类似设计心理学或人类行为心理学的读物，而这些心理学包含太多对于人，或者用户本身对某个产品乃至整个世界的看法，正是这些不起眼的看法和观点支撑了设计作为一个学问体系，而不是一门技术。

大家注意看一下自己手机上的一些按钮。单纯地从通话和挂断按钮上来说，它们之间的差别其实来自于颜色，而不完全是形状。一般情况下，通话按钮上是绿色按钮，而挂断按钮往往是红色。这个现象看似平常，但实际上却包含着心理学的一些知识，绿色和红色是大自然中非常常见的两个颜色，对于人类来说也是如此。但是这两个颜色给人类视觉带来的感受往往很不一样，这里大家可以跟着作者进入一个冥想的状态，然后来做一个小测试。

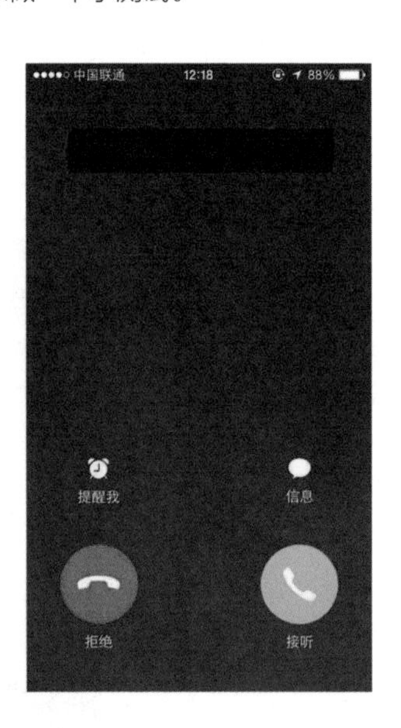

首先不论你现在处于什么状态和地方，都暂时放下手上除了书以外的所有东西，找一个椅子或沙发，用一个你觉得最舒服的方式坐下，坐下之后闭上眼睛默念绿色12遍，然后充分展开自己的联想，联想所有生活中关于绿色的东西，将你想到的东西都一一在纸上写下来。休息3分钟，调整一下，同样用一个你认为最舒服的方式坐下，放空自己，然后闭上眼睛默念红色12遍，并联想任何你能想到的关于红色的东西，最后一一记录下来。如果第一次效果不佳，可以多来几遍。

作者在这里先说一说自己联想到的东西。关于绿色，作者想到了树叶、森林、湖泊、蔬菜、安全出口、盆景和绿灯等。关于红色，作者联想到的是火、血、灯笼、番茄、斗牛、红灯及火山等。

作者在这里列出的这些东西，相信一定和大家联想到的有一些相似之处，或者说大家对这两个颜色其实在内心里是有一个相对一致的印象的。大自然为我们缔造了千万种颜色，不同的颜色分有不同的色系和色调，而这些色系多多少少都会有着其本质的属性和联系，对于人类而言，只能从中辨别很少的一部分，而绿色和红色就是其中比较有代表性的。

相信在这里大家会发现，我们对于颜色的判断是很直观并且往往是带有画面感的，而且这些画面也都是我们能直观感受到的。首先，关于绿色我们联想到的树叶、森林或蔬菜等这些东西给我们的感受是充满生机的、平和的或是充满安全感的，这些东西对于大部分人来说都是相对比较舒适的颜色。而红色则刚好相反，通过红色我们所联想到的火、血或火山等东西往往会给人以危险、危机或恐怖等不适的感受。

人们对于颜色的认知可以说从远古时代就开始了，所以，从每个人的心理上来讲，这些颜色都会有一定的倾向性。这种认知对于设计来说是非常重要的理论知识，在作者从事设计之初这些理论对自己来说并没有太大的影响，但随着作者慢慢深入这个行业之后，发现这些理论知识实际上在设计工作中无处不在。作者在工作中经常会发现，大部分设计师在设计一个产品的时候总是习惯以平时的经验或以往的设计方式来完成自己的设计方案，但是久而久之他们自己也会发现自己所总结出的这套经验有时往往难以真正说服别人，或者是缺乏一定的精准性，实际上这并不是因为他们的设计水平不够或经验还不够足，而是理论知识的缺乏。

完整的、成功的设计需要不断的再造和磨合，从用户研究到交互设计再到视觉设计，每一步都非常重要。在前期，用户研究得到的往往是客观的结果，而当这些结果被带入到交互设计和视觉设计之中后，一些具体设计的呈现都需要设计师针对之前的客观内容做出自己主观的判断，例如，一些按钮的位置摆放和每个内容的重要性排序等，而这些都是产品中需要真正呈现、用户真正想看到的内容，因此，设计师对于理论知识的学习及客观内容的理解就显得尤为重要。

所以，在“所见即所得”的概念中，重要体现的不是设计手法，而是对用户需求的准确判断的缜密的分析，或者说我们想要设计能够达到“所见即所得”，可以尝试一种常规的方法，叫作

“可用性测试”。针对这个测试，设计师在设计时很重要的一点就是需要不断地去寻找不同的人或者不同的用户来测试和验证自己的设计是否能够真正被他们所接受，并且能够达到“所见即所得的”的效果。在测试中，设计师需要针对产品给出以下几点疑问，并进行检验。例如：

界面颜色看上去是否整体？

界面信息区域是否明确，想要传递给用户的内容是否清晰？

界面中控制区域是否明确？

界面中控件寓意和指向性是否明确？

用户在界面中能否快速有效地找到自己想要的东西？

用户是否能很快理解产品的逻辑？

……

设计品，不是艺术品，也不是感官物品，设计品更重要的是它的合理性，而“所见即所得”的概念是建立在产品需求的基础上。设计是探究产品的合理性和产品的实用性的一个过程，所以，必然的，这些问题更多的是在追溯设计的一些客观本质与属性。

因此，对于设计师来说，想要在设计中做到“所见即所得”，就必须先转换自己的思维，从常规的思维当中变化出来，然后站在整个产品的本质层面上来看待整个设计，真正优秀的设计并不只是设计美感上的优秀，而是具备高度的合理性。在用户研究中，其主要探究的是如何了解到用户最深层次的需求和习惯；在交互中，更多探究的是更加合理的交互逻辑，以及更加有效率和简单的交互方式；而在视觉设计中，探究的则是一些更加符合潮流的设计，以及一些更加适用的视觉元素。通过对这些设计本身的理解，设计师才可以真正得从本质上提高自己的设计能力，而不是单纯地只为设计而设计。

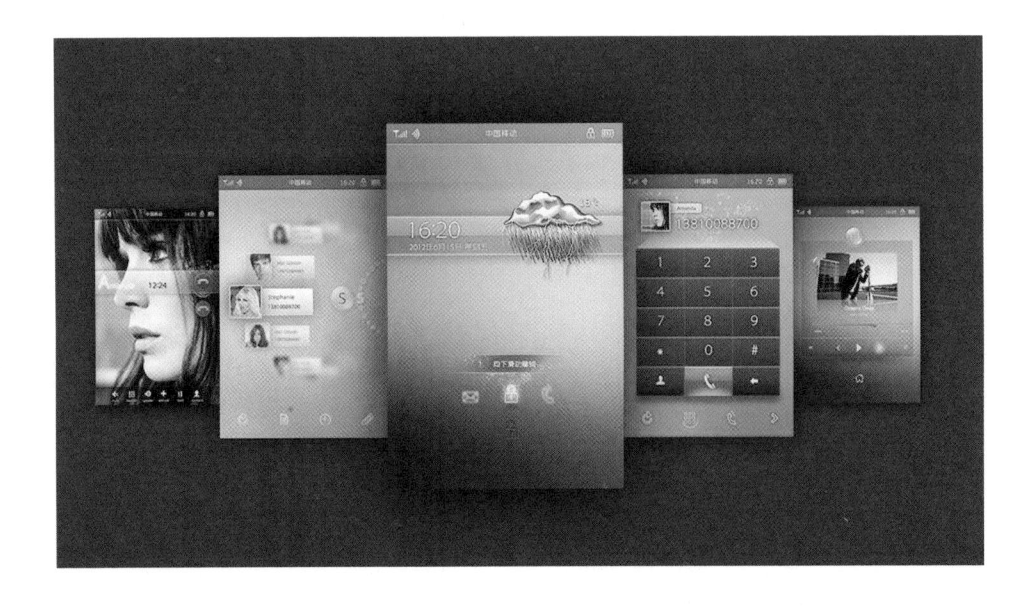

5.3 把握流行趋势，做更好的设计

之前已经给大家讲过，交互设计是产品的框架内容，而如何将这些内容最终具体地呈现给用户，是靠视觉设计来完成的。因此，如何让用户在具体使用到产品的时候有一个很棒的视觉感受和体验，主要还是由视觉设计师来控制和完成的。作为一个合格的视觉设计师，时刻关注当下，以及未来的设计趋势是非常有必要的。

5.3.1 主流趋势的变化与发展

在App设计初期，最早的设计思维都是拟物化的，如iPhone最早的几个UI设计版本。如下图所示界面中的图标，这里都是一些比较偏写实的拟物化设计风格，目的也是想还原每个icon所代表的真实物品的样子。又如，我们仔细观察下这个界面中的相机icon（图标），我们仔细将这个icon对比一下真实相机镜头可以发现，这个icon实际上是截取了相机镜头部分做了一个很拟物的真实效果。大家再注意观察这个相机icon中的镜头细节上的处理，会发现它在完整得描绘镜头结构的同时，又抓住了镜头的光感，并且通过高光渲染提升了其整体质感，使得整个icon都变得非常生动和美观。

接着看看这个报纸杂志icon，这个icon很巧妙地将书柜元素融合了进去，并且通过木头元素来体现它的质感，另外，将整个icon从一个平面的视觉效果转换成一个真实的有深度感的立体化效果。

继续打开苹果系统的一些内部界面会清楚地发现，苹果App产品整体界面风格都趋向于拟物化和质感的诠释。正如图中所示界面中的图标样式，按钮和控制栏目条都带有一定的玻璃质感和效果，而这也与之前页面上的icon形成了很好的呼应，都统一为了写实的设计风格。

在这里我们搜集了该时段大部分苹果系统控件的设计样式，发现这些控件和之前的大页面一样，都充满了很强的质感效果及写实感。同时针对下图中的这个拨号界面也不难发现，苹果系统在视觉设计中添加了大量的立体按钮效果，并且也对其质感表现进行了精心的渲染，也都饱含了写实风格的元素和设计。

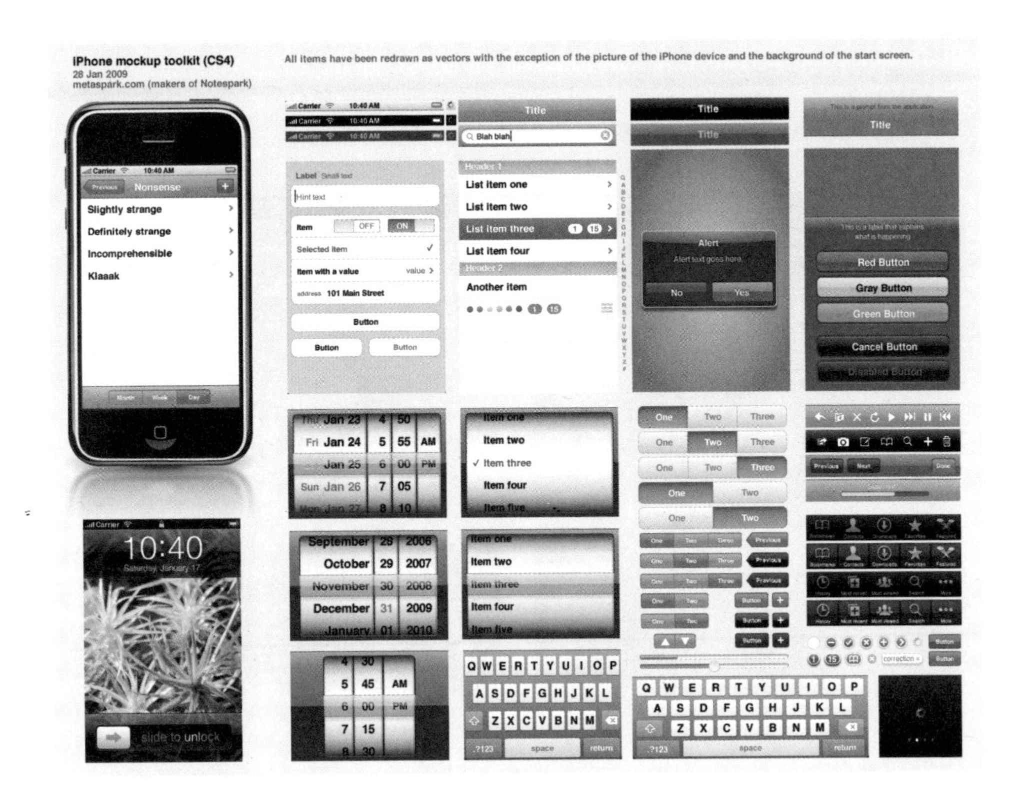

下面看看这个时期的安卓系统。这个时期的安卓产品的App设计也是具有时代代表性的UI设计方式。下图为原始安卓系统自带的icon设计样式，安卓系统与iOS系统（苹果公司为iPhone开发的操作系统，主要供iPhone、iPod touch以及iPad使用）的不同之处在于，安卓平台是一个开放性的平台，而苹果则是一个相对封闭的平台，所以，安卓的界面是多样化的，同时跟随安卓品牌的不断发展和变化，安卓的UI设计样式更加多样化，几乎每个品牌中都会推出自己基于安卓的再开发版本。

在这里，大家可以从下面两张图中看到原始安卓系统的UI界面样式，与iOS系统不同的是，安卓系统并没有用圆角矩形的边框将界面中的icon限定起来，而是用了一些相对开放式的设计样式。但是两者间相同的是，在整体视觉设计上都采用了写实的UI设计方案。

再说安卓系统的相机icon，对比一下下图中的两个相机icon，能很方便地同时辨认出这两个icon的内容含义，而与iOS系统中的相机icon不同的是，安卓系统中的相机icon提取了相机镜头中隐藏的一些元素，譬如，用快门来代替边框，而基本的相机结构及高光渲染对于质感的表现等还是依然保留，相对iOS系统中的相机icon也就更加充满一种活泼的视觉效果。

这里作者再找出一个这两个系统中视觉样式差异最大的地图icon来给大家看一下，针对安卓系统中的地图icon而言，设计师将icon中的地图设计成为了类似折纸的样式，增加趣味性的同时又提高了辨识度，不失为一种巧妙的设计。而iOS系统中的地图icon由于其边框的限制，设计师们没办法像安卓那样将其制作得那么有趣，但就单纯从辨识度上来说，苹果制作的地图icon还是非常讲究的，完整的地图信息和拟物化的设计样式很简单清晰地表达了icon的寓意。

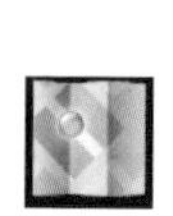

下图所示是安卓原生系统上的UI设计样式，可以说其在视觉效果上和苹果系统还是有很大区别的，但在这一时期所制作出的App系统还都是保留着拟物化的风格在内，并且立体化的视觉效果和饱满的视觉感官和体验也始终都存在着。

可以说，拟物化是App设计初期的一种UI风格。在这一时期，大部分移动终端系统或者是App产品都是以拟物化设计为主，大部分设计师都习惯将系统控件或icon往更加细致的方向去设计，并且在一些具体设计上尤其是播放器之类的界面上往往会采用一些仿真效果的视觉设计。

我们来看下图，这是安卓系统中的时间与天气集合的UI设计，在这里面能很明显地看到天气显示信息上使用了真实的云及拟物化的太阳元素，时钟也采用了翻牌式的设计。写实化图标实际上来自于苹果时代的兴起，在iPhone 4刚推出的时候，所有厂商和设计师都开始追求这种风格的设计，这时几乎所有App系统页面中都充斥着写实化的图标效果和写实化的按钮效果。

写实化的UI风格在那时候持续了很长一段时间。实际上在此之前同时流行的还包括扁平化设计，而当时写实化的设计只是设计风格的一种，而且在苹果时代开启前它们之间是没有太大的风格趋势的，同时使用方向也很明确，当时的写实化设计主要运用在一些入口按钮或形象按钮上，而当时的平面化设计主要是运用在一些内容简单易表达的功能图标上，例如，“返回上一页”按钮或刷新按钮等。

这里暂时不说这两者间的利与弊，先来分析一下扁平化的设计风格。

谈到扁平化设计，要从最早期的产品界面开始说起。这里所说的产品界面主要是指电脑产品界面，同时也是手机操作界面的前生。

1984年，苹果Macintosh（一种系列微机）诞生，这样意味着来到了苹果和IBM竞争的80年代，同时这也是苹果公司对电脑的一次全新的成功定义，它第一个开始使用用户图形化界面、鼠标及面向对象程序，这些概念的提出也更加确定了用户体验设计或者说UI设计的一个方向。但实际上在那个时候由于技术的落后，显示器并不能像现在的显示器一样做到高精度及完整色彩的显示效果，那时的图标只能制作成平面化的形状和样式。因此，人们对于写实图标和真实化的设计效果就开始有了更高的追求。

直到1998年6月25日，美国微软公司发行了风靡全球的Windows 98计算机系统，作者还依稀记得当时看到这个系统界面的兴奋感受。立体化的图标和视觉感丰富的开机画面，无不表现着设计的又一次全新的改革。作者也是从那个时候开始发现，原来虚拟化的图标可以制作成如此立体化和实物化的样式，这也让作者对电子系统操作界面第一次有了一个非常清晰和直观的立体化概念。

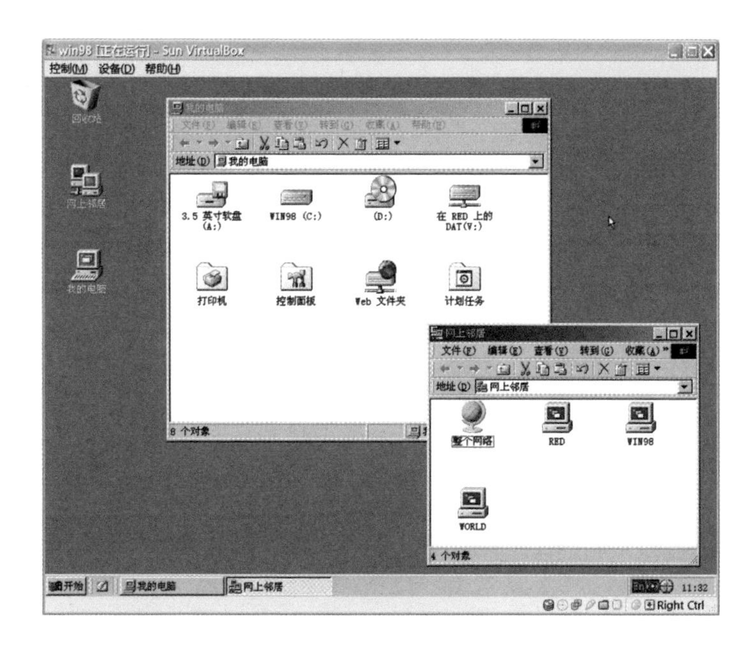

到了20世纪，我们看看苹果系统和微软系统的设计变化。以下图中的Windows 7系统和OS X系统（前称Mac OS X，是苹果公司为麦金塔电脑开发的专属操作系统）为例，这一时期大部分的设计都流行写实的设计风格，而且从Windows 98系统一直到Windows 7系统，十几年来微软公司也都维持着这种风格的设计。

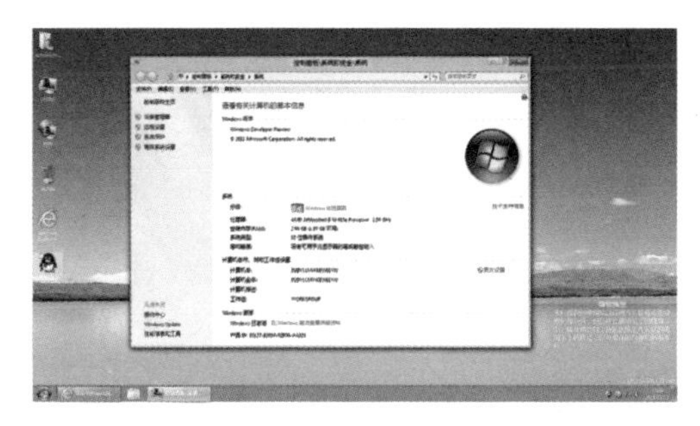

Windows 7系统

OS X系统

伴随着显示器精度及显示技术的升级，设计师能够实现的细节设计也越来越多，漂亮的图标样式、界面优秀的质感体现，以及多样化的视觉表现和写实方式都为设计师和产品带来了无数的发展可能，这也造就了这一时期的写实设计的大爆发。

自苹果系统的写实化风格风靡以来，全世界的设计师都在为写实化风格的产品设计而不懈努力。这时作为当时苹果最激烈的竞争对手，微软显然对这种情况是不满意的。就这样，伴随着Windows 8系统的诞生，平面化的风格也流行起来，不得不说这是一次非常成功的策略。请注意，作者在这里所说的成功不是设计的成功，而是其策略的成功。

这种策略的诞生对于当时的人们来说是意料之中的，但又不免让人觉得有点匪夷所思。自苹果打开了写实化风格的大门，就此之后造就了大批的产品都效仿这种写实化的设计风格，以至于在近十年全世界的用户在几乎所有的App界面中都只能看到写实化风格的存在，同时不免也有些心生厌倦。而就在这个时候，Windows 8系统出现了，这种久违的扁平化设计风格无疑让用户又眼前一亮，并重新拾起了大家对这种风格的喜爱。于是，直到现在，很多电子产品界面都流行这样的风格，并且过去追求细节和写实的设计师也开始大力尝试扁平化风格的设计。逐渐地，这种设计风格已然成为当今的一种设计主流。

Windows 8-Metro 界面

就此之后，微软的平面化风格彻底融入了Windows系统和WP（全称Web Publish，置于Internet网上，是普通用户和CA直接交流的界面）中。这一风格席卷了设计界，也影响到了苹果公司的设计，因而，苹果公司选择在最新的OS X版本中将所有的图标统一转换成扁平化风格。

这时，作者看到网上不断有设计师在重新设计苹果图标，很多以往习惯于制作写实化图标的设计师也开始尝试制作平面化的图标，而且设计方式也开始变得更加多样化。可以说，Windows 8系统的Metro风格代表着新设计风格时代的开端。

这里作者为大家举一个很明显的例子。看以下两个图标，这两个图标都来自于苹果手机，左图中的图标来自于iOS 6系统，右图中的图标来自于iOS 7系统。从这两个图标的对比中很容易发现，苹果系统从iOS 6到iOS 7的风格设计的演变，深刻地体现出微软扁平化风格对苹果设计的影响。

回顾过去到现在，不难看出，任何产品都有它的时代性和周期性。就如我们的穿着习惯一样，也都时时刻刻在随着潮流发生着变化，而这其中变化也都代表着一种设计的变化和趋势。在界面设计之初，我们看到扁平化的设计风格逐渐有了一些立体感的表现，慢慢地，立体化的设计风格又向着与扁平化结合的方式发展。而到现在，又变成扁平化风格或极简主义的设计趋势，这是目前作者所看到的设计潮流和方向，也应该是近几年或者未来的设计发展趋势。

5.3.2 写实化与扁平化风格之间的区别

自从微软推出以Metro为先例的这种简平化设计风格风靡全球之后，各大设计公司都开始疯狂地追捧这一设计形式。不得不说这一浪潮席卷了整个设计界乃至整个互联网行业。那么作者一直以来都希望能够尽快挖掘这两种风格的必然联系或者分析出它们之间的优劣性，同时作者在这里也找来了一些不同的设计案例，并做了一些交叉对比与分析，最后总结出了一些自己的感受。

首先从写实化图标说起。大家看下图，作者在这里参照了某个曾经非常知名的系统中的按钮icon设计方式，制作了一个类似玻璃质感的播放按钮。这个按钮在以前的App产品中非常常见，而这就是过去的写实化风格的一种很具体的表现。

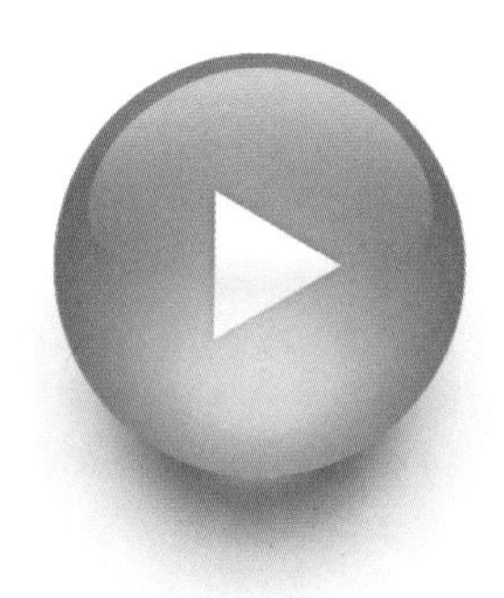

而从制作方式上来讲，这种写实化风格的设计往往比扁平化风格的设计难。在过去，作者一直很喜欢制作一些写实化风格的图标，而且也乐此不疲地对其细节的刻画和叠加效果的表现有很大的兴趣，甚至将其作为自己的设计动力之一。

因此，具有高精度的细节设计与表现是写实化图标的魅力，也是写实化图标的一大特性，而这其中的细节表现主要在于体感、质感及光感这3个方面。在设计中，体感的表现主要需体现出整个物体的形体结构，这也是立体化的基础表现；质感上的表现需要突出物体的具体材质和感觉，例如，金属的厚重感、磨砂质感或者玻璃的光滑感等；而光感的表现主要在于体现出物体在光线作用下会具体呈现出的样子。

以上所述的这3个写实化图标的细节设计表现，也可以称做写实化图标的基本要求。或者说，一个写实化图标一定具备以上这3个方面才称得上是一个合格的写实化图标。当然，除了这3个方面内容，在具体的设计中还会涉及一些图标细节上的光感渲染和颜色视觉上的变化等，都会为写实化图标增加更多观感，为用户带来更丰富的视觉体验。

再看一下扁平化图标。我们将写实化图标和扁平化图标对比一下就会发现，单纯地就视觉效果而言，扁平化的图标和写实化图标相差甚远，因此，这两种风格的图标在感官上给我们带来的体验也是截然不同的。

一般情况下，扁平化图标相对写实化图标在制作方式上会简单许多。因为扁平化图标设计的时候没有那么多的图层，也不存在太多复杂的叠加效果和丰富的视觉效果。就如Metro风格中的很多双色图标一样，这些图标往往只使用一些简单的底色来区分图标与图标之间的界限，同时反衬出的白色形体来表现出整个图标的意思。这些设计上的表现主要可分为两个方面，即形状和特征。

形状表现，指的是在图标设计中需要体现出物体的基本形状；特征表现，指的是在图标中需要对物体的一个基本特征有一个形容和概括，这种形容方式多表现为虚拟化的物体表现，并且表现出的特征是带有描述性色彩的，这是扁平化图标的特性，也是设计的关键。

因此，在制作方式上，扁平化设计相对于写实化设计来说要简单许多。但不得不强调的是，在设计理念的表达上，扁平化设计往往会更难一些，因为写实化风格的图标会有更多的细节或更多的视觉内容来形容想要表达的东西，而扁平化则不然。扁平化风格的图标由于图层设计简单并且没有那么多的视觉效果可以呈现，因而，设计师需要在对形状特征的描述上保证足够的精准，才能让用户在使用的时候能够一眼看出图标的含义。

那么在用户实际使用产品当中，假设将这两种风格的图标放在同一个界面中，然后进行对比，大家会更倾向于单击哪种图标？

这时很多读者朋友都会觉得大家应该会选择单击扁平化风格的图标，其实不然。虽然目前我们的大多数产品界面中都出现有扁平化风格的图标按钮，但是不论这种风格的设计有多么流行，在某种层面上大家还是对写实化设计抱有一种无法释怀的喜爱。理由并不复杂，这里作者再为大家举一个更浅显的例子。

大家看下面的两张图，当大家看到这两种包装袋时更想触摸哪一种呢？相信大家的答案都是一致的，大家可能更加乐意去触摸左图中的气泡袋。气泡袋是我们平时生活中比较常见的包装袋，这种包装袋是在原本平面塑料袋上覆上一层填充上真空的圆形气泡膜，而这些带有真空填充的气泡膜在包装当中可以对物品起到一定的防撞作用。作者还记得小时候就经常喜欢拿着这样的气泡袋捏着玩，因为它摸起来比较有手感，而且很有趣。

通过这个例子可以看出，相对于平面化的物体而言，人们往往对立体的或是有一定体积感的东西会产生更多的兴趣，这其中的主要原因在于，人们生活的世界毕竟是一个立体的三维化世界，因此，无疑对立体化的东西也会更加有熟悉感和信赖感。

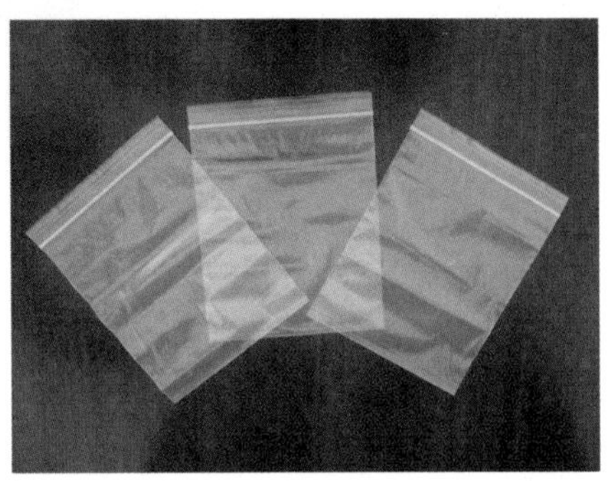

下图是作者自己制作的一套商用写实化图标，且每个图标的细节和质感表现上都是经过了无数次的再设计而完成的。可以仔细看看每一个图标的细节表现，这里精确到像素的细节组成了整个视觉效果，这些简单的像素或者说是颜色的叠加也就给我们造就和带来了真实的和立体化的视觉感受。

这样的图标会常常出现在游戏或内容比较复杂的交互设计当中，因为较为突出的立体化效果和具象的视觉感受能够让用户在游戏过程中很快地识别出图标的内容。

再来看看下图，这是作者制作的一些扁平化图标，也可以将其称为现在的扁平化图标的一种前生。这种图标在作者小时候时最为常见，而且它在电脑出现以前就已经存在。下图中我们所看到的“安全出口”及电话的图形标志，这些都是典型的扁平化图标，目前我们的生活中类似风格的图标实在是太多了，逐一分析后不难发现，它们在设计时都是在高识别性的基础上，保持尽量的简洁化，而且在更大程度上起到的是标志或提示作用。

5.3.3 流行元素的新增和运用

自Windows 8系统的诞生把扁平化设计带上潮流以来，人们的视觉观也在不知不觉中随之产生了变化。如今，作为设计主流的扁平化风格也逐渐演变成了另外一种形式，那就是长投影的结合运用。在目前的很多图标设计中，很多设计师开始尝试使用长投影效果，这样能使图标看起来更加有层次感，同时也使得去除了渐变、纹理及材质等元素表现的扁平化图标多了一丝趣味性。

同长阴影的设计方式一样，GIF动画效果的运用也大范围地出现在一些优秀的社区内容中。但GIF动画并不能算做一种设计方式，而只能说是一个设计的途径。尤其是在UI设计中，静态的设计稿往往是很难清晰明了地说明界面上的元素是如何交互的，同时往常的一些用文字无法表述和说明，并需要反复沟通和交流的内容，通过制作GIF动画，就可以很轻松地向别人演示和说明清楚。

有时候，我们在界面设计中，为了能让界面整体视觉效果显得更加出彩，吸引大家眼球，我们可能会选择一些非常棒的图片作为背景，然后在图片上面添加上文字。这时往往会遇到一个问题，那就是图片颜色或效果太过抢眼，或者元素太多，导致放上去的文字看不清楚等。这时我们就可以采用目前流行的一种设计，那就是将背景图像做模糊处理或直接采用半透明元素进行设计。这种虚化背景设计不但解决了文字的难读性问题，同时，还给App界面带来了很好的视觉效果。

就如下图中的App日历界面，其正是采用了大面积的背景虚化处理设计，这种风格相比大面积的纯色背景而言，除了会更加漂亮并且有设计感之外，层次感更丰富，界面信息主体也更加突出。

如今，无论是网页UI还是手机UI，对于图片元素的尺寸和界面视觉的要求越来越高。这不仅是因为目前摄影或软件技术的快速提升和发展，而且对于用户而言，在一个界面中，图片往往比文字有更大的吸引力。因此，在许多界面设计中，设计师们都习惯将界面中的所需信息尽量图形化设计和处理，这样用户在使用产品时视觉感受得到了大大的提升，同时阅读起来也会更加快捷和方便。

同时，在界面中的一些必要的文字上，我们还可以将这些文字作为一种设计元素。例如，大号字体不仅仅可以作为标题使用，同时，还可以经过设计和处理起到一定的装饰性作用。

无论在哪一个时代，所谓的流行趋势都是不断地在改变。因此，大家在做设计的同时，一定避免自己身处一种闭门造车的状态，而要眼观时事，随时把握社会走向和动态。但在紧跟潮流的同时，又要保持一颗清醒的头脑，避免盲目跟风。另外，在设计的过程中，要多总结自己，分析自己的设计，尝试养成一套自己专属且独特的设计风格。

5.4 一像素定好坏，如何处理好细节

在之前的讲解中，作者不断提到设计当中的一些细节。这些细节还包括设计中很重要的一部分内容，那就是像素。我们常说:“像素眼是每个设计师必备的基本素质。”这句话一点没错，每个设计师都一定要锻炼自己，让自己拥有一双能够直接判断设计中像素问题的眼睛。

这里作者用之前为大家展示过的一套icon图标重新举例。看下图，这些icon是用Photoshop软件制作的。那么作者也知道有些设计师习惯于用AI来制作icon，而且相对于Photoshop软件来说，AI能更加快捷地完成图标中的描边等内容，同时修改尺寸很方便，而在Photoshop软件中制作icon一个很大的好处在于能够拥有很精确的像素进行描绘，有利于制作出更好的设计效果。

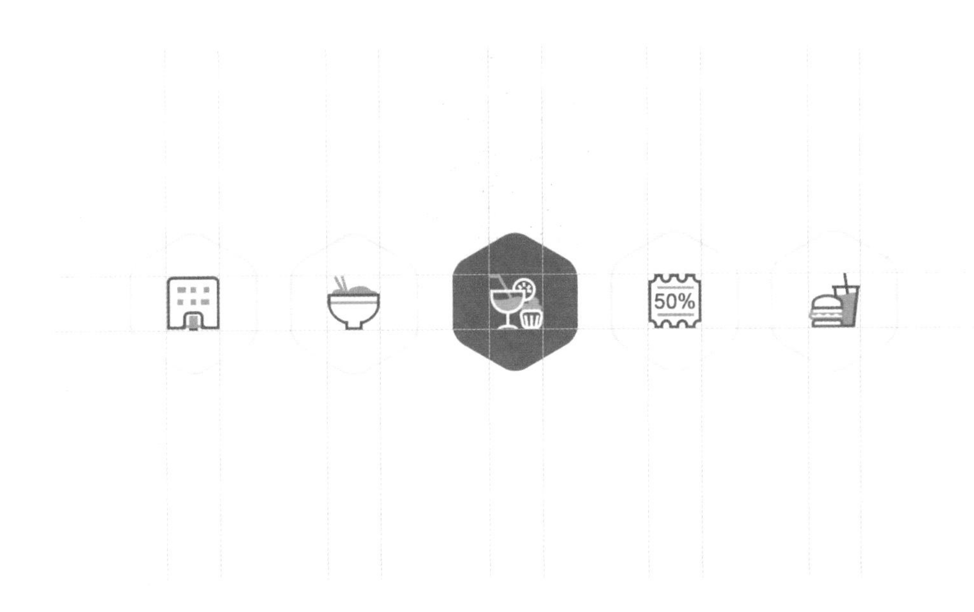

说到图标像素，作者先给大家介绍一些制作图标的具体规范。作者之前所做的icon图标，都是有一个具体的大小规范的。

首先，在一个产品界面中，每个相同层级的图标和背景都需要有相同的尺寸，这是icon设计的基础规范。这样不论在什么情况下用户都能够很快速地辨别出每个icon所代表的含义和内容，同时以确保每个icon拥有独立性的同时又能够保持统一。

其次，在一个产品界面中，所有图标的设计方式都应该是一致的，如整体的风格、用色及圆角装饰等。相同的设计方式能够保证用户在阅读界面信息的时候能够很快地识别出不同的功能区域，同时也保证了设计的规范和统一。

另外，在一个产品界面中，每个按钮的设计语言应该是相同的。设计语言是一个比较复杂的概念，难以量化。设计语言存在于每个图标的图形形状特征、线条和圆角的运用，以及一些细节的用色当中，也可以说是对图标风格的一个整体设计与把握，或者说是在前面几条内容的基础上结合之后对产品的整体做出一个判断和规范，这样才能做成一个规范并且完整的图标。

因此，真正好的设计并不是单纯地灵感爆发或理念的倾注，而是一些设计细节上的规范、堆叠和调整。

之前作者也为大家讲述过关于黄金螺旋的图标制作方式，而且黄金螺旋设计方法也正是图标制作中的设计规范内容之一。

下面就以一个“放大镜”图标为例，具体讲解一下如何运用黄金螺旋的设计方法来制作图标。

第1步，新建一个400px×400px大小的画布，设置分辨率为72像素/英寸，设置颜色模式为RGB，8位，设置背景内容为白色，单击【确定】按钮，新建完毕，如下图所示。

第2步，新建图层，在图层中绘制出一个114px×114px的矩形图形，并将图形颜色默认为灰色，然后将其居中对齐，并以这个正方矩形为基础增加参考线，作为图标尺寸参考，如下图所示。

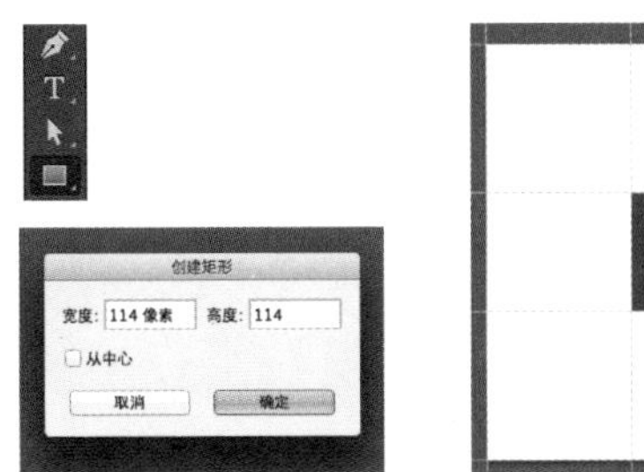

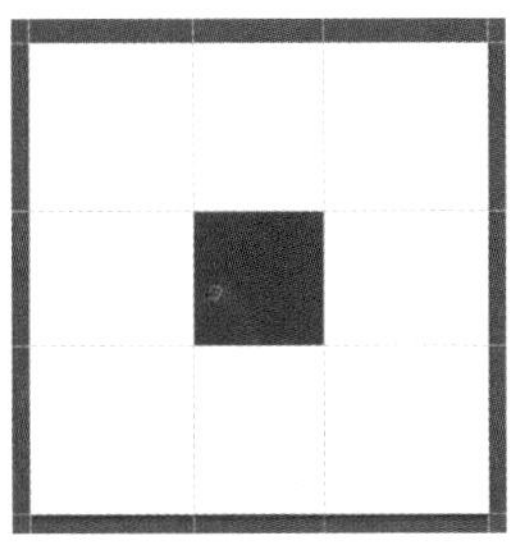

第3步，添加完参考线后，将矩形图层隐藏，然后使用【圆形工具】新建一个78px的圆形，并紧贴于矩形区域范围内的左上角参考线上，如下图所示。

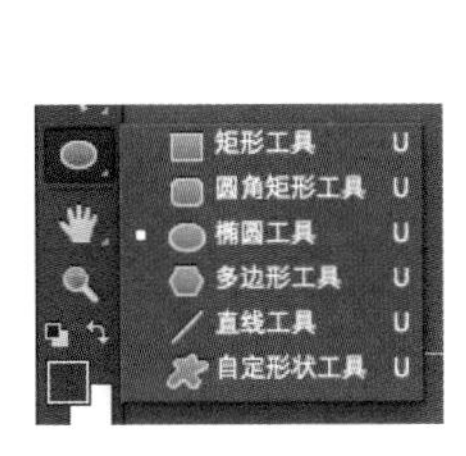

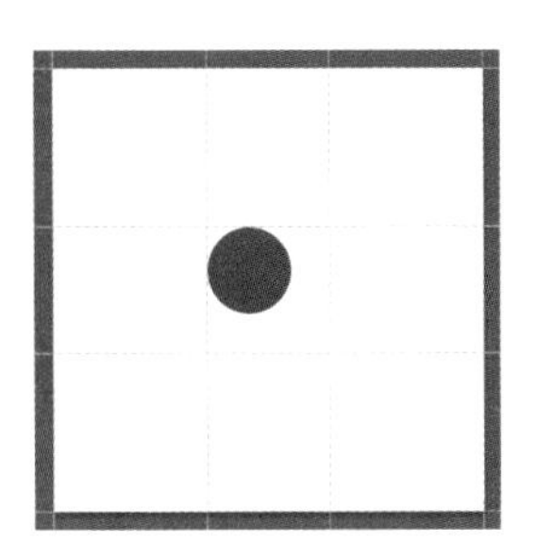

第4步，使用【圆形工具】选中该图层，然后按住Alt键，减去制作一个62px直径的圆形，并将减去制作好的圆形填充为白色，并居中叠加在之前的灰色圆形上面，以对灰色圆形做中心切割处理，这样就形成了一个放大镜的镜框。在这里，作者通过对制作出来的镜框粗细进行估算与分析，得出镜框的粗细为8像素。这样，在制作完放大镜的镜框之后就需要同样以8像素的标准来制作放大镜的手柄。在同一个产品或者是同一个界面中的所有图标制作也都需要按8像素的标准来进行。而且，只有在这样的标准下，在同一个界面中制作出来的图标才会在视觉效果上看上去是统一、规范的，如下图所示。

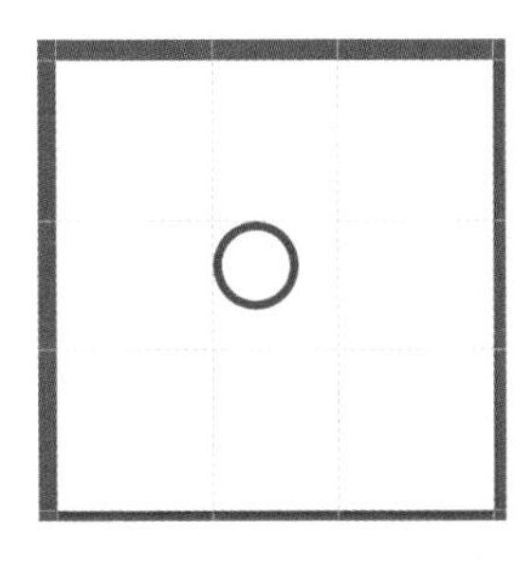

第5步，使用【矩形工具】绘制出一个8像素的长方形，旋转45°之后移动至矩形范围内右侧，并贴紧右边参考线和底部参考线，最后调整至合适长度为佳，制作完成，如下图所示。

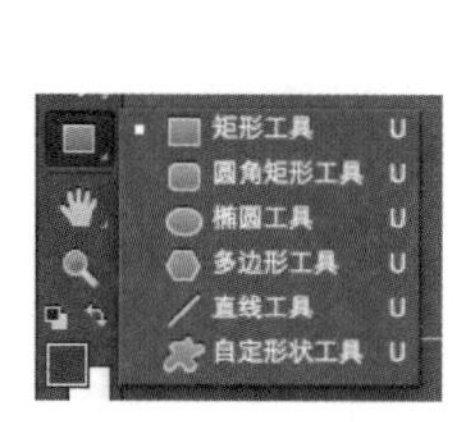

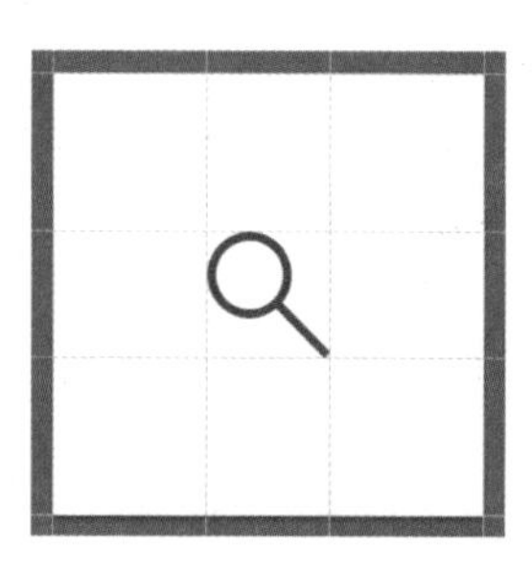

在这里，作者为大家展示的是图标中最简单的一种设计方式。在具体设计工作过程当中，无论是写实化风格的图标还是扁平化风格图标，设计方法实际上都多种多样，而且同一种寓意的图标也会有不同的设计方式和方法。

下面就以上述“放大镜”图标为基准，为大家介绍另一种制作方法。

第1步，使用【矩形工具】绘制出一个114px×114 px的圆角矩形边框，然后将圆角矩形半径设置为20像素，并将矩形颜色默认为灰色，如下图所示。

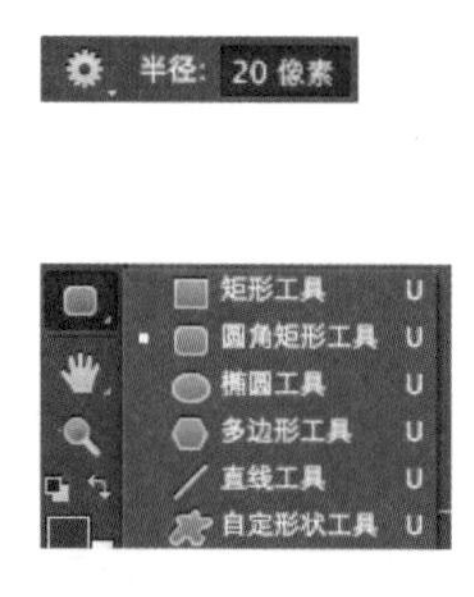

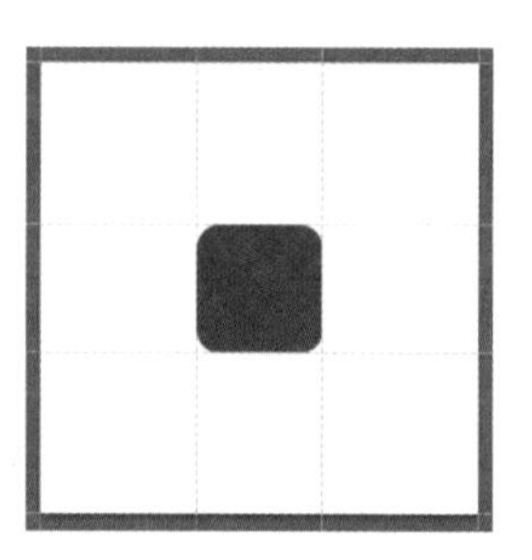

第2步，打开【拾色器】，将圆角矩形颜色替换为蓝色（R,24；G,133；B,234），如下图所示。

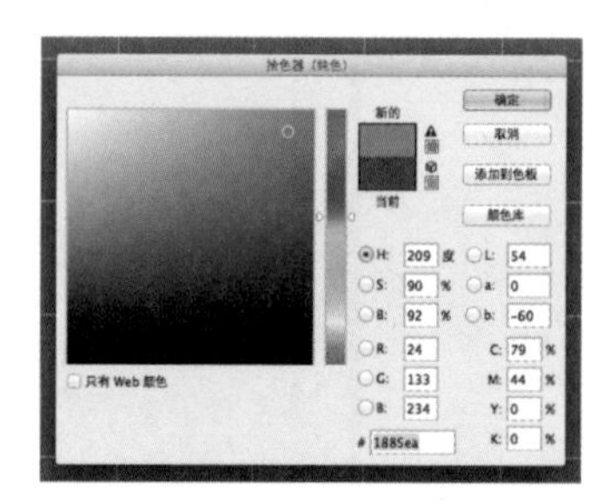

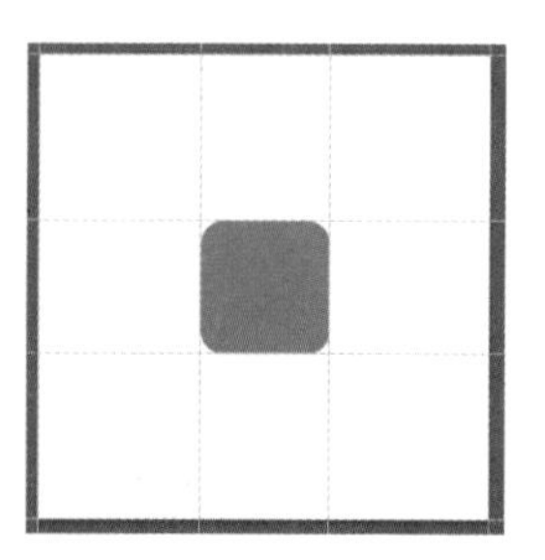

第3步，新建图层，使用【矩形工具】在圆角矩形的正中位置绘制出一个86px×86px的正方形图形，并将其颜色填充为白色，然后以正方形图形边缘为框架制作出参考线，如下图所示。

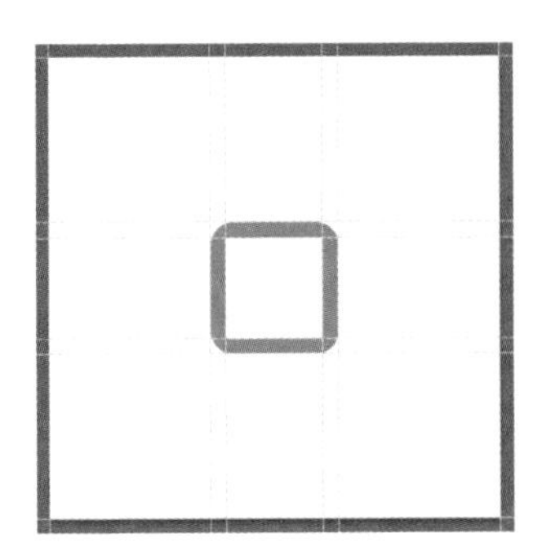

第4步，将正方形图层隐藏，此时可以看到在圆角矩形中利用参考线设置了一个规范区域，而后面的图标绘制就需要在这个区域内完成。同时，在绘制时同样要注意像素的统一，如下图所示。

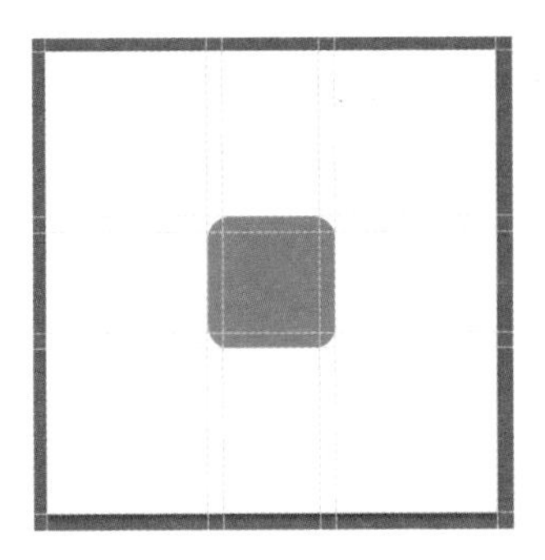

第5步，新建图层，绘制出一个56px×56px的圆形图形，并将图形颜色默认为白色，然后紧贴规范区域范围内的左上角参考线上，如下图所示。

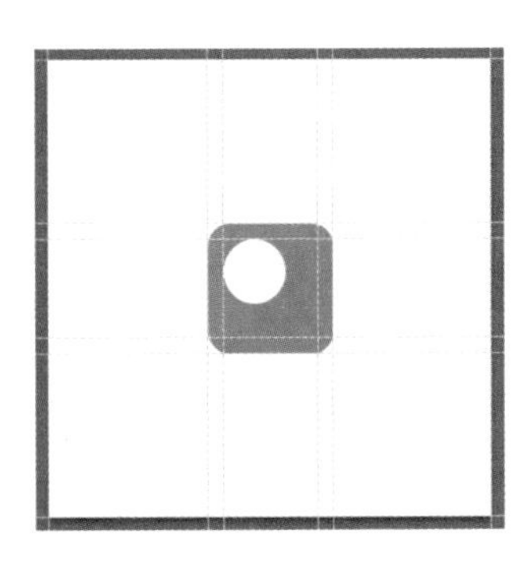

第6步，按照之前的方法，将圆形中心减去一个44px的圆形，然后在画布上形成一个圆环，如下图所示。

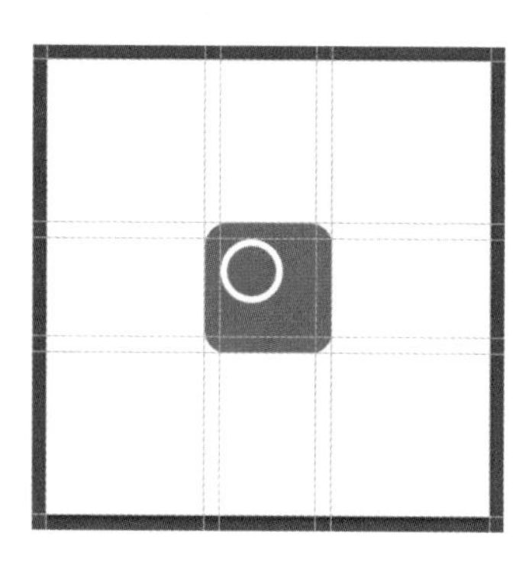

第7步，绘制一个宽度为6px的长方形矩形图形，并旋转至45°，同时紧贴于规范区域内的右边参考线上和底部参考线上，并调整其长度，作为放大镜的手柄，如下图所示。

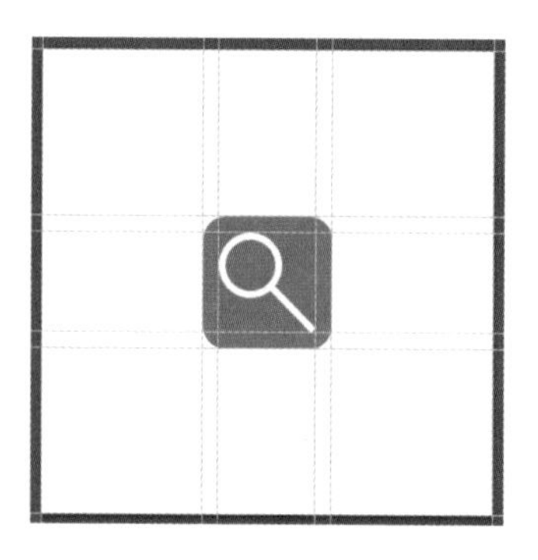

第8步，隐藏参考线，就得到了基本的平面化图标，如下图所示。

第9步，下面为这个图标制作出一些投影效果。新建图层，选择【钢笔形状工具】绘制出一个如下图所示的形状，作为投影的基本形状和范围。

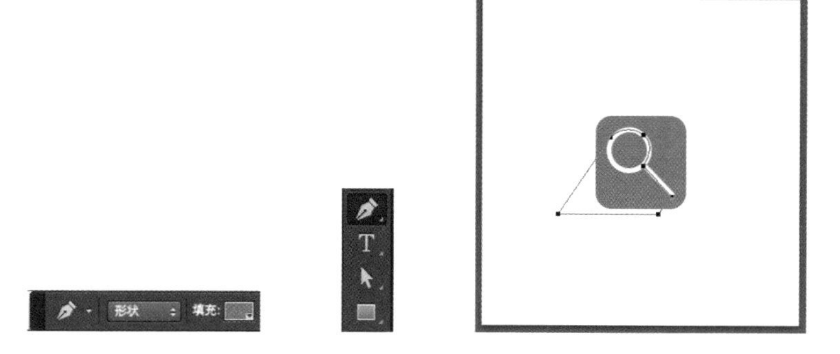

第10步，给之前绘制好的投影形状填充颜色。打开【拾色器】，将颜色填充为深蓝色（R,19；G,111；B,197），如下图所示。

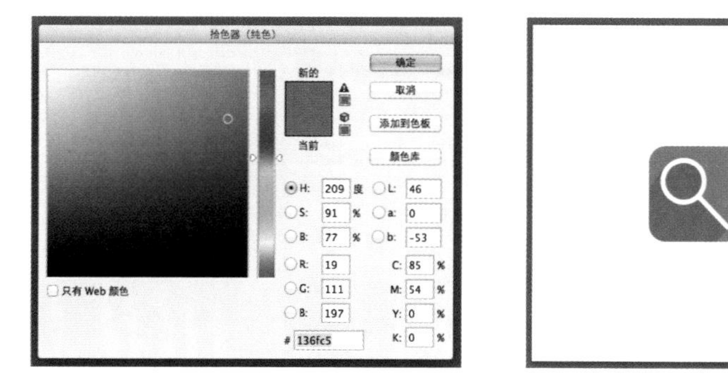

第11步，将颜色填充好后，再为其增添一些细节。先将图层样式设置为渐变，同时将渐变的角度更改为60°，如下图所示。

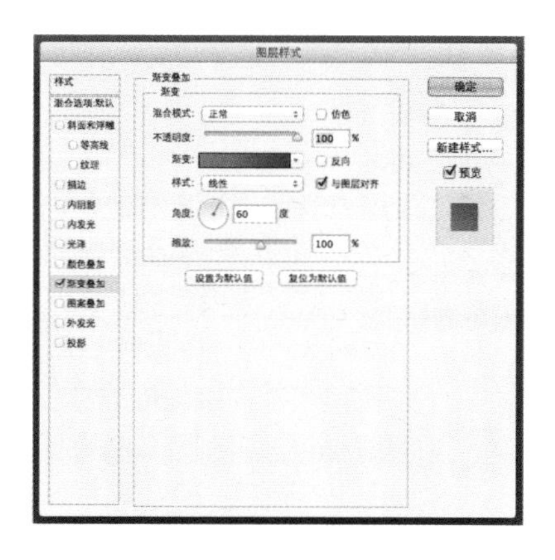

第12步，对阴影进行适当调整。对于阴影较亮的地方，可以抽取底色原色进行填补，对于阴影较暗的地方，可以使用之前填充好的颜色，如下图所示。

第13步，将阴影调整完后，就得到一个相对立体化的图标，如下图所示。

与上一个案例相比不同的是，在这个案例中不仅为图标添加了颜色，同时还为图标中的放大镜制造了渐变阴影效果，这样的图标就是后扁平化时代的投影式图标。

纵观一些成功的设计产品，从德国Braun到丹麦的B&O，再到Apple，无一不透露着对设计语言的延续性描述、对设计细节的打磨思想和对简化设计的完美理念。对设计细节的追求，就是对产品的追求，以及对生活品质的无上追求。很多时候我们说设计师的成熟与否，实际上就是指对产品细节和整体是否有一个很好的把握。

所以，作者希望大家能够明白，设计简约并不代表简单，而是人们对于快节奏生活和概念化设计的一种更高的追求。

5.5 探寻设计价值，理解设计的真正意义

纵观中国历史，从春秋战国时期开始，中国的军事研发和制造就从来没有停止过。而且不论是在材料、种类还是性能上，一直都在不断地演变和发展着。

春秋战国时期，中国的军事武器主要以青铜为主。当时的兵种主要为步兵，所以武器种类中量最多的就是青铜剑。在那个年代，剑是最为普遍的一种武器，而且做工精良。而自秦统一六国之后，主要兵种就从最开始的步兵演变为了骑兵，随之又出现了战刀，从短刀到斩马刀，样式多种多样。刀的使用方式相对于剑来说要方便得多，而且刀由于是单刃，就可以实现简单的一刃一脊，这样不但减少了刀面宽度，同时也降低了武器的制作难度。随着战刀的出现，制作兵器的主要材料铜就慢慢被淘汰，而随之出现的是更加坚韧的铁材料。

到了西汉，军事装备中的刀具有了很大的变化，而且随之也出现了很多长兵器，主要样式也是以刀为主，因此刀具就成为了这个时代的一大标志。

随着时间的推移，中国古代刀具设计和研制越来越考究，唐刀是唐代时期刀具的最佳代表。实际上，战国时期人们对铜质武器的研究和制造水平已经很高了，不论是武器的锋利度还是韧性都已经达到了材料的极限，以至于后人挖掘出这一时代的一些文物时，部分青铜剑本来是被压弯了的，但是拿起来之后又重新恢复笔直。正是在这些技术的基础上，唐刀的工艺才能更加精进。

唐朝时期的中国，政治开明，军事强大，成为了当时整个世界的中心，也可以说是当时世界上最强大的国家。同样强大的，还有当时的武器唐刀，它集合了包钢、夹钢及烧刃等技术，做工精良，样式繁多。

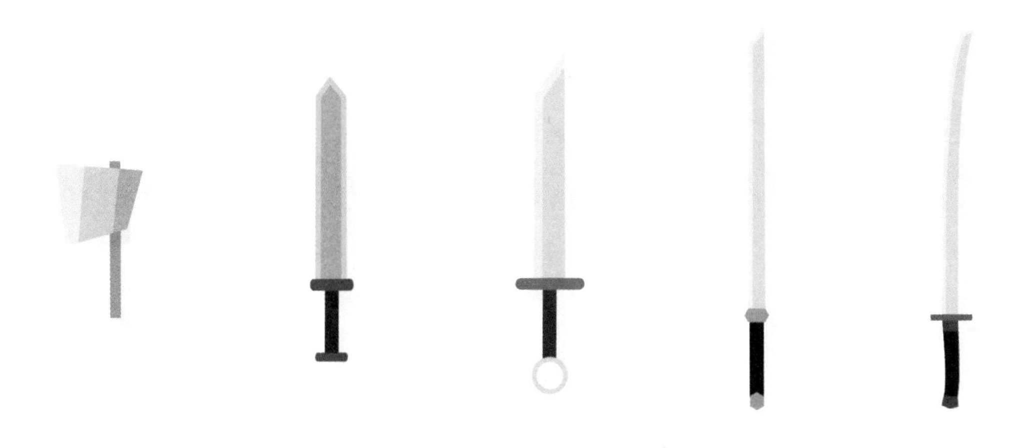

关于中国古代武器的发展就讲到这里，纵观中国古代历史，可以说，它也是一部武器的设计和发展史，不同时代的更替和发展促使着武器的不断设计与变化。实际上，不光是中国的武器，从古到今，中国的文化和生活都在发生着翻天覆地的变化，大到建筑的设计，小到锅碗瓢盆等一些生活中的用具，都在不断地被再设计和优化着。这些设计改变了历史，也深刻地改变着人们的生活。所以，种种的发展史也就引发了作者对于设计的一系列思考，然后总结为一个问题，那就是，设计的价值和设计的真正意义是什么?

历史很远，远到遥不可及，但是历史造就了我们的现在，因此又离我们很近，而我们的现在又造就着未来，所以，可以说，人类文明永远处在一个不断的演变和发展之中。古往今来，人类为了更好地生存，设计和发明了无数的东西，而每一个时代制造出的东西都是当时被人们所需要的。正如刀剑的发展史一样，随着时代的发展和需要，伴随着技术的更新，人类为自己制造着一个个新的生活篇章。

说到这里大家大概已经知道，设计的价值在于制造和创造更符合历史环境的产品，而整合新技术，改变历史潮流，从而创造出新的价值，则是设计的真正意义。回忆过去传统企业产品的研发方式和市场研究模式，再看看现在，会发现，现代产业由过去的市场调研变为了用户调研，两者字义上理解好像都差不多，但是实际上却大有不同。这里举一个很典型的例子，那就是苹果的崛起和诺基亚的衰败。苹果时代新的设计与调研思维是从用户入手，针对每个个体用户提出产品应该如何设计，这里具体到产品外观、使用方式、联动方式及互联网消费模式等，因此，其从整体产品线各个方面的设计来说，都远超诺基亚过去针对市场的思维模式，因此诺基亚毫无疑问会被市场所淘汰。可见，在部分企业在研发产品中开始从用户研究角度思考问题时，人们对于产品的理解就已经开始了重新定义，而这个变化随着互联网时代的到来也瞬间爆发。很快，如何让产品更加符合用户体验和如何增加人机交互满意度成为所有企业产品研发的核心，同时也成为同类市场中如何让产品脱颖而出的关键点。从苹果对于产品生态的重新定义开始，各个企业对于产品的研发也开始了自己的新型设计路线。在App产品的研发开端，所有的企业都非常注重于用户体验，从需求到编译，再到交互设计和视觉设计，环环相扣，每一个环节都非常关键，所有研发链条上的内容都与整体的用户体验分不开。

作者曾经见过很多总是喜欢单纯地通过自己的主观判断去进行设计的设计师，针对这个问题我们之前也说过，这样的设计思维是不合理的。人的主观性会在很大程度上影响我们对设计的判断，看看手边的每一个东西，每一个产品，小到牙签大到电视，任何样式的产品都有它固定的价值。而App产品中对于设计师来说，如何体现这个产品的价值就成为了最关键的工作。每个产品的价值在很大程度上决定了这个产品的属性和定位，而设计师在设计产品的时候最应该关注的就是产品的价值取向，所以作为设计师，切忌完全将自己放在一个专家的位置上来考虑问题，而是多把自己放在一个用户的角度上来考虑问题。

很多设计师总会被老板或者客户指责设计中的各种问题，这些问题在作者看来不是因为老板或客户太过挑剔，而是设计师作为不够，这里的不作为并不是说不做设计，而是不去多做分析，不去学会转变自己的身份。设计师应多站在用户的角度想问题，从根源寻找问题，多去和老板、客户及用户沟通，多了解他们想要什么、他们真正需要的体验是什么，并且能够针对这些问题自己做出一些专业精准的判断。

在用户研究中的一些用户访谈时也会有专家访谈，这里所谓的专家实际上就是指对专业领域有着一定研究和建树的用户或者从业人员，而作为设计师也是属于设计领域里的从业人员，所以，我们的意见实际上也代表了部分专家的意见。因此，作为专业领域的一名代表，同时又作为产品的设计师，要学会解读不同的设计问题，深挖出用户的深层次需求，发现不同的需求，找到痛点，并且持之以恒地去解决这些问题，这些工作是作为一个合格的设计师应该做的工作。

所以，设计的价值和真正意义并不是单纯地靠几次鼠标的单击或几次界面的修改就可以完成的，而是在于设计师对于产品的深度思考，这里的思考包含对设计及设计背后故事的思考。

设计不是单纯的技能，而是一种思维的结合，一种技术潮流的实现。这是在本章结束之际作者最想提醒大家的一句话，希望大家深思。

陆

提升自己

——把用户带入你的世界

· 重塑自我，让设计返璞归真

· 回归本质，做一个学习狂人

· 释放自己，在社交中获得学习

App DESIGN

颠覆、创新、快速和变化，这些词语在这几年不断地出现在公众的视野中。我们目前已进入一个全新的快速发展的互联网时代，也可以说是一个以个人用户为主的时代。随着互联网时代的兴起，一些传统企业随之倒下，而一些新型企业尤其是往互联网商业模式发展的创新企业却日益崛起。因而，创业和企业创新成为了这个时代的关键词，无数的新兴创业公司像雨后春笋般涌现出来，同时无数的传统行业也被互联网思维所影响和颠覆着。因而，作为当代的设计师，我们所做的一切关于设计的工作内容都是非常关键而且意义非凡的，肩上所担负的责任和使命无疑是很重大的。因此，如何学会技术改革与创新，如何在迅猛膨胀和不断变化的市场需求中学会应变，是我们在设计工作之余需要着重考虑的问题。

6.1 重塑自我，让设计返璞归真

6.1.1 忘记自己是个设计师

当大家在看到这个标题的时候，是否感到很吃惊？下面作者先为大家讲一个故事。

相信大部分读者都看过《倚天屠龙记》，作者记得李连杰版本的《倚天屠龙记》里面有这样一个画面：张无忌发现少林寺尸横遍野之后便立马赶上武当山，恰巧碰上宋青书勾结朝廷，并和赵敏以及玄冥二老欲除张三丰，张无忌努力救下所有人之后，却被赵敏要求不能使用神功，所以被迫必须重新学习一个新的功夫，于是张三丰就当场教张无忌学习他的绝学太极拳，张三丰一招一式地教，张无忌也一招一式地认真学。

当张三丰打完整套拳法之后问张无忌：你记住了没？张无忌说："没记住。"张三丰问："这套叫什么拳？"张无忌说："不知道。"张三丰问："你爹姓什么？"张无忌说："我忘了。"张三丰说："好！你只要记住把这两个混蛋打成废人就行了。"于是，就这样张无忌便学会了太极拳，然后战胜了玄冥二老，解救了整个武当。

在这里就因为这个武侠故事，让作者明白了一些问题。首先张三丰在教张无忌太极拳的拳法时，将原本分开的一招一式分解重置，然后再将这些招式都融合起来，从而变得没有招式。而到张三丰最后问张无忌是否还记得之前的所有招式时，其实他想问张无忌的是是否还记得当下张三丰所用的这些招式，如果记得，就说明还没学会。因为如果是这样的话说明张无忌没能理解太极拳的无招之招，而如果张无忌把这些拳意都理解通透了，才能够不以招式为基础，以无招胜有招，因为太极拳只重其意，不重其招，这才是所谓的太极拳的核心要领。

这个道理同样适用在设计中，也适用在生活中。在设计中，我们需要的也是像张三丰这般无招胜有招的功夫，在真正理解作者接下来所说的话之前，我们先忘记自己是个设计师，真正做到无招无式，以无招胜有招。

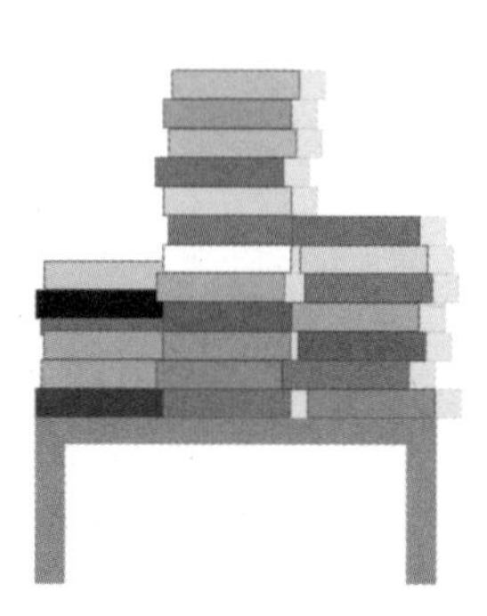

在之前的篇章中，作者教过大家要学会“分裂”自己的思维，而这里的忘记，则是一个更深度的概念。“分裂”的思维，为的是让自己的思维更加适应不同的观点，但是忘记，则是为了让大家真正跳出这些观点，就像张三丰教张无忌学习太极拳一样，舍弃以往的方式方法，保持最开放的思维和状态，用最开放的方式来面对接下来要学习的问题。

这里所说的忘记，并不代表之前所学的一些设计方式和方法都是错误的，而是让大家从根本上学会如何做设计。古代的兵书兵法，其中有介绍很多的招式方法，也有很多人去拜读，但是并不意味着读过的人就一定能真正参透其中的方法，而且古代习武之人那么多，最终能够成为大师的却少之又少，这是为什么？

其实道理很简单，这些所谓的招式，其实就是现在所说的方法。而解决一件事的方式方法不是绝对的，而是多种多样的，是在随着时代的发展而不断变化着的。

因此，我们针对设计的方法将其总结为一句话就是，以结果为目的，不论方法。说到这里，再来说说设计的三大核心。

* **核心1 用户研究**

相信大家已经知道，用户研究在整个设计中起到方向指导的作用，这一步需要抓住产品需求的一些核心内容。很多时候我们做一件事情，只要方向错了就很可能功亏一篑。因此，在做一个设计之前，用户研究员必须先确定好设计的方向，找准用户的需求，才能指导交互设计师和视觉设计师为之完成更好的设计。

* **核心2 交互设计**

交互设计，对于一个产品设计来说就是开始慢慢走向实际的一个过程。在这一步需要将最初的产品概念和设计思维转换为真正可以触摸到的东西，这也是一个可以量化的设计过程，所以，在这个阶段的工作是非常关键的。之前我们说设计的开端是从交互开始的，因此，产品的初期都是需要在交互设计中完成的，因而视觉设计师最后拿到手上的设计稿往往是交互设计师经过无数次修改和磨合后的结果。并且，真正好的交互设计必须以视觉设计为结果导向，所以，在交互设计时同样要考虑到一些视觉设计方面的内容，这样才能保证视觉设计师在接收到设计稿能更容易和顺利地完成产品的最后设计。

* **核心3 视觉设计**

对于产品而言，视觉设计实际上就是一个将之前的设计美化和做最后实现的一个过程。这个过程可以省略产品交互上的一些具体的逻辑和创意等内容，而更重要的是将这些东西如何做美化。尽管如此，也并不意味着视觉设计工作相对之前的设计工作就要简单很多，而且在某种层面上会更有难度。毕竟，在用户研究和交互设计中，多多少少都会有一些验收标准，而视觉设计，却难以验收，因为每个人对于视觉审美的标准都不一样，但是在具体的视觉设计工作中，同样有一些标准性的东西可以参考，那就是跟着用户体验的感觉走。而在这个工作当中，同样是一个以结果为导向的过程。

之所以说用户研究、交互设计和视觉设计是App产品设计的3大核心，是因为每一个App产品都需要依靠这些流程才能成为一个真正的产品，而且，在这3个核心设计工作当中，都需要以用户体验为结果导向。当互联网时代到来之际，所有的企业都在开始转型，由过去的市场导向转变成为现在的用户导向，这是社会发展的必然结果，而现在我们的产品想要做得成功，仅靠用户体验为结果导向是不够的，关键还要在于一个很重要的元素，那就是价值体验。

这里我们从国内最知名的网络通信产品腾讯QQ开始说起，自互联网时代发达以来，人们上网的成本越来越低，相对于书信邮寄来说，即时对话及发送电子邮件等交流方式实在是便利了很多，在QQ交流软件中，轻轻的一次鼠标单击就可以将邮寄需要几千公里或者一个月时间的信件在几秒内送递到收件人的手中，在相关软件刚刚开发出来时，这着实是一个令人着迷的事情，而这些通信上的进步也潜移默化地影响着我们的生活。

而对于设计师来说，设计本身其实是没有改变的，还是像过去的广告设计师一样，只不过载体从简单的路边传单或是纸质的海报等变化成了现在的App产品或是互联网页面等数字化的设计，成本更低，速度更快，让我们能够更加方便的生活。所以，设计最重要的其实不是设计本身，而是在于设计背后的这些真正影响着产品的核心价值。

针对核心价值，作者前几章旁敲侧击地说到过关于它的概念，相信很多读者都对这个概念有所了解。随着科技逐渐发达之后，产品都开始变得更加多元化。 在20世纪80年代末90年代初，中国的互联网开始急速发展，网络从过去的拨号上网变成了现在的无线宽带上网，随之发展起来的还有即时通信产品。

即时通信产品在很大程度上来说是电子邮箱和聊天工具的结合体，它在保留了文字表达方式的同时也增加了即时提醒功能，大大减少了在邮件确认上的工作。收到邮件后，聊天工具会即时提示和告知我们有新的邮件，同时还可以默认设置对方已收件提示功能。另外，用户还可以很迅速地将信息传递至在线的第三方用户，并且能够简单地判断对方的应答状态，并且得到及时回复。这便是即时通信产品的整个产品初期的产品核心价值，看上去是一个很简单的要求，却给我们的生活和整个产业的发展带来了翻天覆地的变化。

下图所示为MSN、SKYPE和腾讯QQ，这3个通信工具应该算是大家比较熟悉的即时通信工具了。前两者在国外使用率较高，而腾讯QQ则是国内使用率最高的一款即时通信工具，下面重点介绍产品核心价值与设计之间的联系。

对于腾讯QQ来说，其核心价值包括以下几点：快速的内容传递速度、用户在线状态的显示、群组聊天功能、即时提醒功能及联系人列表及聊天记录功能，这几个内容也是腾讯QQ的核心功能，相信大家也都非常熟悉。那么作为设计师，应该关注什么呢？

首先，功能来自于需求，在设计工作中这也是用户研究的结果，那么用户为什么需要这些功能？这些功能之间有什么样的联系？使用每个产品的用户都有着什么样的明显特征？这些都是作为设计师应该考虑的，以便于我们知道自己设计的目标和目的。

在设计任何产品的时候都要带着谦虚和谨慎的心理状态去对待这些产品，谦虚来自于对于产品整体价值谦虚的学习态度，来自于我们对于产品和用户的学习之心，因为在设计上不论是产品还是用户都是我们需要去了解和尊重的东西，而谨慎源自于我们对于设计质量的严格把控和对产品的深度理解，因为高素质的设计水准和对细节的高度把控能力等，才是一个优秀的设计师应有的职业修养。

大家要学会理解和把握每个产品的核心价值，并且深刻阅读，不论是作为产品公司还是作为第三方的服务公司，做到这一点其实并不容易。对于用户而言，所有的产品更多的都是为了能够为其生活带来便捷而使用的，而对于企业而言，所有的产品主要是为了能够为公司带来更多的利益而设计和生产的，这之间的平衡点对于设计师来说不是无关紧要，而是设计工作的重中之重。

可以说，每个产品的商业价值就是它的最大价值，同时商业价值也是产品的基本属性。而每个公司最大的价值就在于它的产品能体现出多少商业价值，因为不能够被用户使用和给公司盈利的产品最终将会被市场淘汰，同时公司当然也就容易被淘汰。所以，关注每个产品的商业价值也就成为设计师所有工作的中心，而事实上，大部分设计师都会忽略这些，很多设计师甚至会拒绝去认可运营人员或者其他部门提出的一些意见，而这些意见往往都是很核心的意见。

商业价值是产品的原始价值，同时也是设计师设计的原始价值的体现，对于设计来说，对设计需求的精准性把握并不是由设计师的某些技能水平而决定的，而在于设计师对产品商业价值的精准把握。

在作者眼中，中国是一个“干货”社会，或者说大家都更加关注于干货，这些所谓的“干货”就是书架上能看到的一些成功学和奋斗学等教大家如何速成式体验成功的工具类书籍，这里面充满了各种各样创业或者设计的方式和方法，而唯独缺少一样东西，就是真实的和有涵养的理念和思维。目前太多的人想要学到在社会立足的各种经验和方法，如理财、管理、设计甚至还有炒股等方法，这些方法也确实颇有用处，但是在作者看来，如果一味地去关注这些东西，久而久之也会忽略掉每种方法的本质，或者说忘记我们所谓的“初心”。

作者听过一个故事，以前有一个技术控，大学的时候就开始学习各类软件和技术。其中一款软件叫作Flash，他通过这个软件制作动画、制作网页、制作动态操作界面等，并且在大学时就成为了软件中的高手。因而，很多人开始找他用Flash制作东西，于是他也挣了挺多钱。但是，后来随着HTML 5软件的出现，就很少有人再用Flash软件了，因为Flash软件相对HTML 5来说操作过于复杂，制作时间相对较长，且适配性过低。渐渐地，他发现很少人再来找他用Flash制作东西。因此，他似乎又要开始学习HTML 5才能扭转回之前的局面了。

那么这里问题就来了，以上所说的这些软件技能我们学得完吗？同时，我们的学习进度能跟上软件更新的速度吗？作者通过这个故事，就是想告诉大家，那些所谓的技能、规范或者所谓的方式方法，在未来的某一天或许就会被淘汰，因此，不管是在生活中还是工作中，作者更希望大家能够从一些根本的方向来学习一些东西，使自己能够从根本上得到提升，以保证自己随时能够安之若素地应对变幻无常的未来，快速适应新局势和新环境。

所以，在接下来我们要做的，就是重塑自己。

6.1.2 重塑自己，站在全局看问题

作者过去看过一些经济相关的书籍，其中《国富论》对作者的影响是比较深的。市场经济在很多方面是有规律的，科技的发展也是有预见性的。设计也如出一辙，大部分设计是可预见的，但是以何种形式体现，却是两码事。在具体的App产品设计中，可以以苹果产品的方式呈现，也可以以诺基亚产品的方式呈现，而最终做出选择还是淘汰的，是每个用户构成的市场。

现在技术性的领域都充满着日新月异的变化，过去新兴的职业现在也慢慢变得不需要了。同样，设计行业也在不断变化，过去的技术性思维已然不能适应现代的设计思维。相对于过去来说，现在每个人的综合思维能力也变得越来越重要。

那么作为设计师该何去何从？很关键的，那就是重塑自己。

首先，需要忘记用户研究、交互设计和视觉设计之间的分工关系，也就是忘记分工。作者在之前的篇章为大家详细解释了每个分工的意义，并且也讲解了这3个分工内容中的工作样式和工作内容。作者认为，不论是用户研究、交互设计还是视觉设计，这三者都不冲突。而在实际工作过程中之所以有这样的一些职业划分，是为了让每个人有更加精准的工作方向，从而更加专注。成功源自于专注，但是专注并不代表我们就只专注于自己的设计领域而不关注整体，专注需要的是对事物的专注，而不是对自我领域的专注。

这里用一个很简单的比喻来解释这3个分工。首先，把设计中遇到的问题比喻成一扇门，将这3个分工组成一个整体来说的话，用户研究员负责思考并且找到在身上的钥匙，思考如何开门；交互设计师负责规划这个开锁的动作，首先把钥匙插进钥匙孔，然后沿顺时针扭动；而视觉设计师就是真实地通过眼睛判断锁的位置，判断钥匙是哪一把，并且负责真正用手打开门锁。但是，不能把每一个步骤当作一个终点，也不能把其中某个部分当作一个局限的区域，而是需要将其看作整体的一部分。例如，开锁的时候若没有灯，就会想办法照亮或者干脆抹黑开锁，这个时候就不能按照眼睛来判断，这就好比某个产品局限于客观条件，在视觉上必须遵循一些规则。那么在这时候，用户研究员和交互设计师就必须妥协这些客观条件，这时用户研究员可能就要重新思考如何摸着墙找到钥匙口，而交互设计师和视觉设计师就需要尝试完成换多个钥匙再打开门等一系列动作。

在以上比喻中不难看出，无论用户研究员、交互设计师和视觉设计师在解决“问题”当中所涉及的具体工作内容如何变化，唯一没有变化的是他们需要打开这扇门的目的。由此可见，在具体的工作内容当中如果只单纯地从一个方面或自我的工作领域去思考整个设计项目的问题必然会显得太过局限，因为每一个分工都会有一个固定的结果导向和最终目的。同时，在大家一起完成一个项目时，每个人也不要局限在自己的某个专业领域，不论是哪个领域，用户研究、交互设计或是视觉设计，在一个团队或项目当中，都是一个不可分割的部分。因而在大家一起讨论一些项目问题或者说到一些细节的设计内容的时候，要学会从自己的本职工作中抽离出来，多去分析一下研究的工作，或分析一下交互的工作，并帮助他们检验出一些问题，也方便及时纠正。这样，也有利于更好地完成设计工作。

所以，对于每个设计师来说，在工作中如何寻找问题、分析问题，并及时解决问题很重要。在做设计的时候要学会站在不同领域的角度思考，站在全局的角度看问题。

6.1.3 理解服务设计，深挖市场需求

什么是服务设计？它的概念是什么？它对于我们每个设计师有什么样的影响？我们应该如何定位？

作者在写这本书的时候仔细思考过这本书的意义，而且作者也一直在写，一直在改变，为的是能让大家读了这本书寻找到一些真正能够为大家带来长远帮助的东西。对于大部分初学者来说，学习某个技术确实很关键，特别是一些刚毕业踏入社会的新人。不论他们是在专业技能上还是在一些专业素养上都稍显薄弱，这时很多新人往往会迫切地需要并且希望得到一些专业知识的培训和专业技能的学习。曾经作者也考虑过通过本书为这部分读者多分享和传授一些如何使用一些专业软件的技法和知识，但是仔细思考后作者发现，这样并不可行，因为软件的发展速度实在是太快了。因而在这里讲一些专业软件的使用和一些东西的制作方法，意义不大。因为网络上也到处都是各种各样的教学帖子或者视频，同时大家也可以从之前作者提供的一些网站上找到一些这样的东西。因此，作者不希望也不想在这些内容上花费太多篇章，就作者而言，这些技术容易学，也容易发生变化和被淘汰，所以，作者更加希望在这里为大家介绍一些不会被淘汰的思路和理念。

1. 什么是服务设计

我们先来看看网络上对“服务设计”的定义。服务设计是有效的计划和组织一项服务中所涉及的人、基础设施、通信交流及物料等相关因素，从而提高用户体验和服务质量的设计活动。服务设计以为客户设计策划一系列易用、满意、信赖和有效的服务为目标广泛的运用于各项服务业。服务设计既可以是有形的，也可以是无形的。客户体验的过程可能在医院、零售商店或是街道上，所有涉及的人和物都为落实一项成功的服务传递着关键的作用。服务设计将人与其他诸如沟通、环境、行为及物料等相互融合，并将以人为本的理念贯穿于始终。

当很多人听到“服务设计”这个词的时候，一定会觉得很陌生，甚至可能都没怎么听说过，但实际上，这个概念和理论并不新奇。1991年，来自德国科隆应用技术大学设计学院的麦可·埃尔霍夫博士提出了“以客户为中心的思考方式”，并且第一次真正提出了服务设计这个概念，所以早在二十几年前这个理念就已经被提出，只是对于那个时候的所有企业家或是商家来说，服务设计这个理论和体系并没有完全被接纳和采用，服务设计这个概念也没有被人们所重视。

作者曾经读过一些相关类的书籍，在当时也产生了一些疑问，就是不论是什么行业，我们都不明白设计在其中是处于什么位置，能起到什么作用，或者说，商业体系的面貌是什么。大部分设计类书籍或是商业类的书籍能够告诉我们的基本上是一些基础的理论和商业案例，当然还有一些基础的技术教学，作者越看越迷茫，因为发现自己在其中一直都抓不住一些重点，一些能够

把这些内容串联起来的思路。那么什么样的设计是好的？什么样的产品是所有人能够接受的？这些问题一直都没有一个相对成熟的答案，也没有一个系统的知识点和核心思路能把这些都串联起来。直到在作者快毕业的时候接触到了服务设计这个概念，它把很多过去很虚幻飘渺的东西真正落实到了地面上，让每个人和每个产品之间的联系都变得极为清晰和可见。

2.服务设计的组成部分

关于服务设计体系，作者为大家整理出了一个简单的思路。作者之所以很重视服务设计，是因为在现阶段的人类生活中，更多的商业价值就来自于服务设计的优化，可以通过下面这张图来发现这些特点。

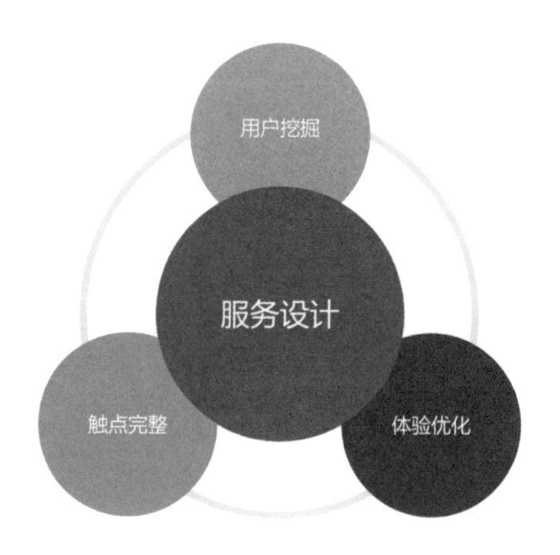

在作者看来，服务设计主要3个组成部分。

* **要素1 用户挖掘**

用户挖掘指的是通过用户的喜好或者习惯，挖掘用户的需求，或者也可以说针对产品或者针对某件事情上挖掘用户的一些真实的想法和思维。

* **要素2 触点完整**

触点完整是指用户与产品之间的需求在发生时接触的每一个关键点，可能是传递的，也可能是交叉的，这些传递点维持了服务设计整个链条的存在。

* **要素3 体验优化**

体验优化指依据用户合理的需求和需求可能性的条件下做出的整体流程的修改变化及优化，这些优化可能涉及触点，也可能涉及具体的用户，并且很多时候是从本质上进行变化和优化。

这样说或许大家还有点不明白，下面作者以一个小故事来给大家解释一下。

小明是一个白领上班族，有一天他回家吃晚饭，完了觉得嘴巴有点咸，想吃点水果，他回忆了一下最近水果店的地址，想了想准备去相对较近一些且便宜的水果店。小明下楼从家里走到附近最近且最便宜的一家水果店，发现自己想要的某种水果已经卖光了，于是他选择放弃这些水果，买了另外一些水果，并且在不同种类的水果中挑选了价格相对适中的水果，同时跟服务员索取了袋子，并分装好之后拿到结算台，一一称重后最终付款，然后回家开始洗水果，最后吃水果。

这是一个关于普通人的买水果历程，相信大多数人有过类似买水果的经历。单纯从这个流程上来说，小明为了购买这个水果看似简单但是实际上他却经历了一整套完整的服务，这些对他服务的东西看似不存在，但事实上却是真实存在的，比如来回经过的楼梯、马路、路灯、斑马线及人行道等，这些都是我们平时认为理所当然，所以干脆忽略的一些所谓的基础设施和服务，也就是作者之前所提到的“触点”内容。这些不同的设施和服务使得小明购买水果成为了可能，而这些东西其实就是刚才我们给大家解释的“服务设计”定义中所提到的人、基础设施、通信交流及物料等相关因素，而这些因素支撑和实现了小明买水果的一整套服务。这里不管是将这些因素单一地拆开，还是做整体的叙述，都是属于为买水果这个需求而设有的服务元素。

那么“小明买水果”这件看似简单的事和服务设计究竟有什么关系呢?

小明想要买水果，这是再正常不过的生活需求，同时也是大家在生活当中可能经常有的需求。所以，在日常生活中会有水果店，不需要小明自己去种水果或者摘水果，这就是小明接下来行为的一个前提。首先，水果店的产生是由于市场的需求，而小明所住的地段或者区域可能是一个人气比较旺的地方，不然不会这么近就有水果店，这也是市场的需求。那么，可以说前者是大需求，后者是小需求，但是这些也都是让小明成功购买到水果的原因，而小明去购买水果这个行为，并不光是有水果店就足以支撑他完成这件事情，小明出门需要太多东西，如公路、路灯及人行道等。有了这些之后，小明才能够顺利走到水果店，而水果店中可能还需要有一些指示牌、水果价目或价表等来引导小明顺利找到自己所需要的水果，然后再由营业员来协助小明完成整个购买，购买水果中出现的这些服务也同样根据需求而来的东西，并不是凭空而来的。

小明是整个服务流程中的用户，而路灯、道路、店面、水果店的价格标签以及服务人员等，这些一系列的东西就是整个服务流程中的各个触点，而我们谈到的体验优化，则是针对这些所有的触点和需求当中所产生的服务所发生的优化，也就是我们的工作!

人需要居住，于是有了房子；需要出行，于是有了路；需要晚上看清夜路，于是有了路灯；需要吃水果，于是有了水果店；需要携带方便，于是有了塑料袋……我们会发现这些都是和人的需求息息相关的，而这些触点也因为不同的人的不同需求被优化着。

那么，互联网时代所带来的变化和服务设计有什么关系呢？

作为这个时代的设计师，其实走在了很多行业的侧面，而不是前面。互联网时代大部分人做的事情其实并不是研发和研究高精尖的技术，而是在利用现有的技术和方式改变着过去的生活方式，很多设计师总认为自己的工作是伟大的，是高尚的，是创新的。但是在技术上，其实不然。我们都是借助了这么多年科技发展的风浪，站在巨人的肩膀上为用户带来更好的视听、交流及沟通等服务而已。

下面介绍现在的服务设计，这里还是从小明的生活开始。

小明口渴了，他希望能够吃水果，于是他拿出手机，打开水果店制作的App购买水果软件，并且挑选到自己喜欢的水果，然后他可以在手机上直接下订单，不用担心有买不到的水果，接着水果公司会自行处理订单，然后派遣附近的固定送货员，从仓库取货送货上门，小明只需要在家稍等片刻，不需要走路也不需要出门挑选，新鲜优质的水果会自动送上门，并且小明根本不需要准备钱，他只需要简单的单击一下网络交易平台上的按钮就可以完成支付。另外，水果公司在App中也会不定时地为小明推送水果的折扣信息和优惠券，从此小明足不出户就可以吃上很新鲜的水果。

这就是服务设计，而这些App就是来自于我们这些千千万万的用户体验设计师，大的概念上简化了人们的生活，小的概念上简化了每个人的需求获取难度，并且提高了水果公司对于水果的存放和出售效率，小明再也不用担心下雨出门买水果不方便，不用担心有水果买不到，并且水果公司还可以根据每个用户的使用习惯数据生成一个非常具体的数据列表。同时，水果公司不再需要任何店铺，不再需要任何服务员和设备，在保证品质的同时也使得用户对整个水果店的体验有了质的提升。这便是服务设计的真谛，当然，这也是互联网革命对服务设计带来的一次长足的革命。

现在大家应该能够理解作者为什么要为大家讲解服务设计了吧，实际上现在所谓的App设计或者网页设计本质就是在做着服务设计中的某个环节。随着技术的进步，无论是企业还是个人都开始越来越注重服务设计的重要性。就像人人提及乔布斯或者马云一样，所有人都把眼光放在了这些东西上面，这些被互联网改变的服务体系同时改变着我们的生活和工作，或者说这些改变其实是整个社会在推动着我们不得不去改变。马云如果不成立阿里巴巴，也会出现第二个像马云这样的人去成立阿里巴巴，这是需求导致的必然趋势，所以，在当今社会如何抓住这些必然趋势和不断膨胀的市场是所有设计师需要考虑的问题。

目前，国内还没有一个相对成型的理论体系或服务设计市场，但是作者认为这些体系的建立是必然会发生的。大部分企业希望通过建立某一个产品设计部门如App或者网站就希望能够解决所谓的互联网化，这是相对理想化并且不太现实的。同时，作者遇到的大部分设计师也抱有相同的想法，甚至很多创业者跟作者聊天的时候也透露着这样的思维方式，他们往往思考的是通过某个App产品或单个功能就能够吸引足够多的用户，或者在所有竞争对手中称王称霸，其实也是不太可能的。因此，作者也希望所有看过本书的读者能记住一点，不论是App平台还是网站平台，它们都只是整个服务设计的一部分。在这个商品世界中，有的产品卖风格，有的产品卖它的性价比，有的产品卖奢侈，有的产品卖理念，但是不管怎么去卖，都不是只靠一个单一的平台就可以的，而是需要多个平台才能实现的。

所以，App其实并不是在做着单纯的用户体验设计，而是在做着服务设计。在大的概念中，服务设计可能是一个完整的链条，而有形的、无形的都会依附这些链条产生效应，看得见的是服务的结果，看不见的却是底层的结构变化。

下面，我们再通过“小明购买水果”这件通俗易懂的小事来解释一下服务设计。在下图中可以清晰地看到，商家依靠销售规律，以及一些市场判断来决定制作和准备一些什么样的商品，这样的方式进行了很多年。当然，并不是只有水果行业这样，大部分商家也都是这样做的。我们看到现在大部分商家实际上都是采用这样的方式来做整体市场，就像诺基亚一样，他们去寻找和发现整个市场需要的东西，在做完市场调查之后，以市场为导向制作他们的产品计划和产品线，所以，诺基亚发行了从低端到高端几乎所有链条上的产品。而事实上，作者研究过诺基亚的模式，在中后期，诺基亚占据了几乎所有消费水平的市场，在中国的整体市场占有率中也是一直遥遥领先。在他们发现现有的市场已经相对饱和后就开始将目光转向农村市场，并且发布了很多面对农村的低端市场产品，但也就是在这样的类似没有办法的办法中，行业里又出现了苹果手机，于是诺基亚败下阵来，究其原因，并不是因为诺基亚产品在质量上或是品质上有问题，而是在对未来科技发展后互联网时代的移动产品判断不足，或者说白了，是由于对于新时代的服务设计方式的

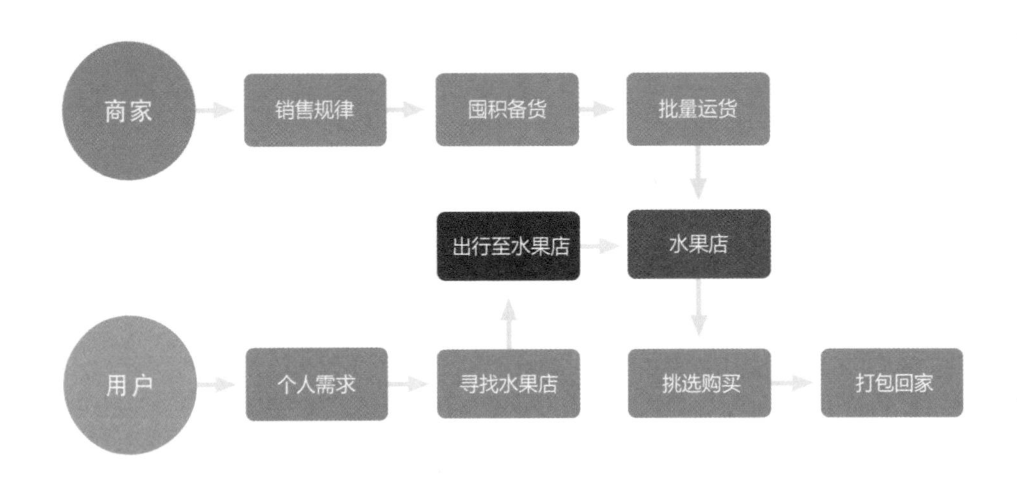

不理解和不改变所导致的。

我们看看现在的企业就会发现他们谈论的、思考的，都是如何做到更好的个体体验，而不是市场规律。以人为核心的市场观念改变着我们的生活和产品设计，更强的人机交互方式、更合理的产品、更富效率的使用方式和更优秀的产品设计成为了这个时代的主题曲，这也是App产品现在风靡的最主要原因。

说了这么多，我们还是来看看App是如何改变人们的生活方式的吧，还是从小明的故事开始说起。大家看到这张图应该很容易就会发现相对之前的服务方式有了很大的变化。其中最直观的变化，就是对于用户来说，他们需要做的事情或者说需要付出的时间就要少的很多了，在步骤上我们看到的只是减少了两个用户的动作，同时又增加了两个商家的工作，但是这些看似简单的改变其实是对整个产业的质的改变。通过这样的服务方式，小明不再需要走出家门，就可以很方便地在手机上选择自己想要的水果，同时他可以自主挑选不同价格的水果，而对于商家来说，他们不再需要置办店面，甚至颠覆过去店铺的营销模式，或者让果农们直接面对客户，以让他们能够

随时了解到市场的需求数据，能够了解到水果的供应情况及销售情况等，避免了判断失误导致的囤积过度。同时，商家不再需要服务员，不需要将水果一一摆出，他们要做的是在一个城市的固定区域根据具体需求放置仓库，并且聘请一批水果快递员来进行送货服务，从此像小明或者类似

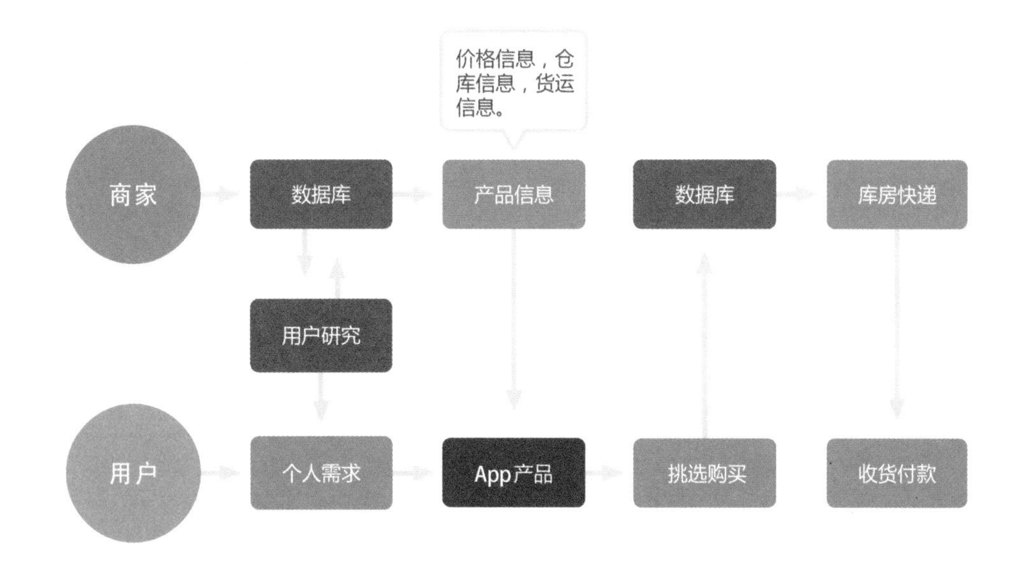

小明这样的用户就能够足不出户地买到新鲜水果。

这就是服务设计，作者通过上面的例子，就是想更清楚地让大家知道服务设计的性质和具体含义，以及对我们现代生活所产生的变化，并且如何使用这些东西来适应未来社会的发展。

3. 服务设计的重要性

前面介绍了服务设计的组成部分，下面再来给大家说一说作者所理解的服务设计中的重点。

* **重点1 用户挖掘与研究**

用户挖掘与研究是指研究和挖掘用户的想法，从用户的角度出发审视所有产品设计中可能存在的问题，并且和用户搭建沟通平台，让用户能够真实参与到整个产品的开发或生产中来，提高参与感的同时，又能获取最直接有效的意见，优化产品，并且能够获得良好的口碑。

* **重点2 体验优化**

体验是产品的核心，过去用户对于产品的代入感和对于产品的未知感很强，他们不知道产品是如何被表现出来的，就像小明买水果不知道水果来自哪里一样，而优秀的体验就是让用户知道整个产品的来源和过程，并且可以将果农的心血或产品的品质用视频或图片的方式表现出来，这样用户能够切实感受到产品的价值。

* **重点3 高效的后端服务**

一个优秀的架构一定要有优秀的后端，这是必然的。优秀的后端意味着高效地解决所有的前端问题，更快地反馈，更快地解决问题，才能给用户带来优质的服务，同时也为所有产品带来优秀的体验。

* **重点4 创新的思维和方式**

创新的思维和方式并不意味着对过去的否定，而是对过去的总结及对未来的企划，所有行业都会面临变化和升级，而创新和创意就是未来商业运营和发展的可行之道。

下面以“小米”品牌为例，为大家介绍服务设计的重要性。

小米公司在一开始制作MIUI（米柚，是小米科技旗下基于Android进行深度优化、定制和开发的第三方极受手机发烧友欢迎的Android系统ROM）的时候就不断让用户来使用和提意见，所以，那些参与过提意见，或者真实参与到开发中的人就会对MIUI有着不一样的情感和执着，小米对他们的高效回复和一些细节的体现使得用户对产品有一种亲信感，那么自然而然地，好口碑是

注定的。而当小米公司说要研发和生产小米手机的时候，这些曾经使用过MIUI的用户肯定第一个愿意去购买，并且免费帮小米做宣传，而小米的互联网销售模式和低价手机的盈利模式，显然也就打消了用户在购买产品时可能出现的一些现实顾虑，于是小米手机在市场上就兴起了。

之前作者说过关于产品的核心价值。和腾讯不同，作者感觉小米的核心其实很有意思，作者一直认为它的核心价值来自于口碑，来自于大家对小米的口碑及大家对雷军（小米科技创始人）的口碑，而实则上不然。小米和腾讯不一样，腾讯是互联网发展中的一个必然服务产品，而小米则是小米科技创始人为App产品革命推送来的最大助力。

写了这么多关于服务设计的知识，其实在这里作者最希望大家能够明白作者真正的目的。服务设计是一个非常灵活的设计，它变化多样并且可以衍生出很多个不同种类的方法和模式。在这个时代，我们面对的就是互联网产品对服务设计的一次助力，它改变了过去的服务方式，改变了过去的产品模式，也改变了现在很多人的真实生活。

或者说，服务设计就是让我们返璞归真的一个设计状态。在开始之前，我们要做到的是抛弃一切旧思维，一切旧想法，从最新、最直接及最前卫的角度出发来重新来定义一个产品。以人为本，优化体验，改变和完整触点，这些都是服务设计的关键。同时作者认为，我们在了解到整个服务设计的中心思想之后，应该做到的是贯通及抛弃服务设计中的一些框架，真正释放自己，将所有的东西都还原到最终本质，让每个使用产品的用户都能在使用中得到对个人的体验和价值。

互联网对于服务设计的改变其实更多的是来自于效率和思维方式的改变，我们过去的想法都是在不断的优化每个流程和服务体系，而互联网思维则更加强调便捷性和参与感，这对过去的方式确实是一次极大的挑战。在过去，由于相对封闭的沟通环境和相对低效的互通方式，造就了过去的市场为主导的服务设计方式，而互联网时代则不然。在互联网时代，用户可以快速地反馈和了解到所有的咨询和产品信息，这些都是过去不能做到的，这也是互联网对于服务设计所带来的创新。

App产品设计师，其实就是站在了这一次的互联网革命浪潮上，幸运的是，大家都是这次浪潮的参与者。作者让大家了解到了每个产品的核心价值，了解到了每个设计的最终目的，了解到了App在整个服务设计体系中的位置和地位。有了这些了解和掌握之后，作者相信大家对App设计的真实意义和价值就有了一个全新的理解和领会。

作者曾经面试过很多设计师，发现了一个非常突出的问题，那就是大部分来面试的设计师在技能水平上其实都是不错的，但是在一些理论知识和对设计的理解上明显不足。对于作者或者企业来说，设计师的价值并不是一点点的设计能力，因为只要通过一定培训或是具有相应的一些学习能力的人，都可以非常迅速地学习并且成为一个所谓的App设计师。但是，在真实的工作中，他们和真正喜欢学习和钻研设计的设计师却差距甚远，不论是设计思路还是对产品的判断预估上，都会有很大的偏差和问题出现。所以，真正能被企业和市场所接受的设计师是必须有想法、有创新、有敏锐的观察力和判断力，并且有执行能力的设计师，而不是仅仅只有手上能力的设计师。

6.2 回归本质，做一个学习狂人

设计其实是一个范围非常广泛的行业，特别是在第三方的设计公司，那里的设计师往往会接触到各个行业、各个领域及各个层级的客户，这也就意味着他们需要面对各种各样的设计项目和工作，而当设计师们面对这些不同的项目内容的时候，有时候可能就会感觉吃力，甚至措手不及。因此，拥有对不同产品、不同领域的了解就显得十分重要。

对于大部分设计师来说，在设计工作中往往会面对不同的设计要求和改进意见，并且这些工作内容几乎占据了他们所有的工作时间，所以，每每遇到好不容易空闲的时候总是想要如脱离苦海似的避免看设计相关内容。但事实上，这样的选择往往是不对的。

设计——特别是在互联网环境下的设计是变化非常迅速的，我们每天都面临着有新的产品出现在市场上，所以，这个行业的变化和升级是非常快的。就如百度、腾讯或阿里巴巴的App产品中的变化一样，它们的版本更新是非常高效和迅速的，各位设计师很有可能会一时懈怠就被设计的潮流甩在了后面。

因此，这是一个万物回归本质的时代，这是一个什么都可以被替代的时代，这是一个什么都可以被颠覆的时代，这是一个更加需要创意和才艺的时代。

所以，作为设计师，平时要多看与设计相关的书，并且多用实践来检验自己的学习是否有效，让自己成为一个学习狂人。作者在之前的篇章为大家推荐了一些比较不错的设计网站，大家一定要多去这些网站看看，这些网站上有非常多国内外优秀的设计师和艺术家们的作品，他们会

不定时地更新很多自己的作品，作者也建议大家上传一些自己认为优秀的作品上去，得到设计师赞同的同时也偶尔会为你带来意料之外的工作机会，这些也是互联网时代下设计师们的福音，你的作品能够毫不费力地被很多人看到，并且能够被他们认可和评判，这是过去难以达到的效果。

同时，在平时的学习当中除了要学习自身的一些关于App产品的以外，还要多了解一些其他设计领域的东西，例如，网站设计、广告设计、工业设计甚至是艺术作品等，这些都是作者建议大家一起去学习和了解的。因为排除行业的不同和性质的不同，单纯从设计美感或者一些设计思路来说，每个行业的设计其实都是相通的，而且每个设计和设计之间都有着微妙的相似之处。作者偶尔在思路陷入僵局的时候就会尝试去寻找和参考其他不同的设计行业的一些设计思路，而事实证明这样的思路往往会给作者带来一些全新的思路和方向及意想不到的效果。

反观现在的App产品设计也不难发现，其实不论是设计还是艺术，其实都是相通的，不论是广告工业还是纯艺术，实际上都是需要对产品美感和其合理性做出一些判断，当然艺术作品可能在个性或者合理性上不会有太多可能性，但是在美感或者视觉效果上，对颜色的判断，对视觉效果的感知与设计一样都是相对一致的。App产品中所出现的一些有质感的图标或者立体化的视觉设计，都是来自于其他的产品设计，同时出现这样的情况也是必然的。因为在之前的章节作者也讲过，App产品实际上就是工业设计的分支，App产品对于用户本身来说也可能是先看到工业产品，之后再看到App产品，到最后我们会发现，其实设计是具有广泛性的。

设计的广泛性其实是显而易见的一件事，设计行业的并行也是大趋势。从互联网的兴起开始，传统产业也开始延展和重置自己的产品，无线连接、热点布控、远程控制及智能家居等，这些都代表着传统行业模式的转换，这时很多工业设计师也不得不开始接触产品的界面设计，同时许多工业产品上也渐渐出现了更加复杂的UI设计，并且更多的产品也开始变成智能化产品，或者与移动互联端进行联动，例如，手机通过App控制的智能温控仪。目前，人机交互和互联网模式对于大家来说变得越来越重要，尤其对于设计师来说，这些发展趋势是我们必须了解并且全面理解到的。

对于作者而言，每天都会固定浏览几个设计类的网站，每天也都会发现一些不同的、新的设计出现。作者还会浏览几个用户体验网站，了解一些最新的用户体验设计。此外，作者会看一看国外的众筹类网站，看看最新的众筹信息，通过众筹这个平台可以为非常多的新的创意或新的产品进行大概的市场判断和评估，更加特别的用户体验思路和略微变化的设计方式是可以追寻的趋势。所以，不单单需要看或者学习这些新的东西、新的思路和新的设计风格，还要学会了解和分析整个市场的一些前沿动向，虽然很多时候这些众筹产品中大都得不到市场的认可，但是不排除一些新的有市场的东西被发掘出来。

下面是作者为大家推荐的两个国外比较好的众筹网站：

Kickstarter

Indiegogo

在这两个网站上，有很多新的产品和企业的诞生，而其中就包含了像nest这样的产品。

作者曾经做过一个北美市场的智能温控器项目，这个项目其实是一个非常有趣的项目。在项目中，作者和团队其他成员一起制作了两个平台的产品。一个是终端，也就是放置在家里的类似nest产品的智能温控器设备，另一个是智能App产品，通过App可以控制家里的智能终端的运

行，可以随意地开关和控制家里温控器的状态，这样就大大地方便了人们的出行，为北美的家庭节省了很多不必要的电费开支。当然，这个项目和nest的性质并不相同，但是作者亲手拆解过nest，并发现它不仅结构合理，同时界面设计也极其漂亮和简约，同时这些感触也让作者在新的产品的设计上迸发出了非常多且非常有趣的想法和思路。

作者曾经在了解并且理解这些东西以后，很自然地就会开始思考每个产品的发展趋势，同时也会很自然地开始思考每个设计的特征和优缺点，找准设计的发展方向，而这些变化也都是一个必然的发展变化，也就是从量变到质变，而质变，就来自于对过去所有事情的总结和思考。

人有别于其他生物的区别就在于人会思考，会衡量，并且具备道德价值观，这都是人类发展和变化的基础。所以，我们的价值尤其是作为设计师的价值也就在于学会分析和思考问题，总结

过去的问题并且制作出一个更好的解决问题的方案。

现在作者的团队在做设计时，作者一直在告诉团队中的每一个人应该如何思考产品的定位、产品方向是什么样的、产品需求点在哪、需要解决的产品痛点在哪里等一系列的问题。之后作者又发现，其实很多设计问题寻找答案的规律和方向都是有迹可循的，我们能够轻易地分解一个设计中的所有设计元素和内容，比如，一个页面的设计需求来了，作者只需要很简单地给设计师列出需要解决的问题，如交互方式的缓慢、颜色的老旧、设计方式的老旧，然后为设计师列出解决这些问题的方式或方案，而这些问题都是基于作者对现实状况的判断。

所以，看归看，看了并不一定有用，一定要学会思考，作者为大家总结了几个问题方向来方便大家在看到设计方案的时候更加快速有效地进行思考与分析。

* **问题1 设计方式是不是发生了变化?**

产品的设计方式是不是和过去发生了变化，如果有变化，看看是不是一个相对趋势的设计方式，如果是的话，抓住这个设计方式，继续进行研究和学习。

* **问题2 是否有新的技术?**

是不是有新的不同的技术出现，看看这些技术会对哪些东西或者行业产生影响。

* **问题3 有没有什么新的用户体验方式?**

在产品设计中，是否有新的用户体验模式或者新的用户体验体系出现，同时这些新的模式和体系对市场或现在的用户体验有什么样的作用和变化。

以上这3个问题是作者平时看到任何设计或是任何产品的时候都会涉及的问题，而且大多数

设计师就是通过这些问题自己去不断地寻找，不断地发现和探索从而得出相应的结论和产品的解决方案的。

总之，设计在于多学习、多观察、多思考、多判断和寻求不同的处理方法，方能获得长足的成功。

6.3 释放自己，从社交中获得学习

如今，随着互联网的发展，人们的日常社交模式也在发生着莫大的变化。现在大家思考一下平时的日常生活中是不是自己在电脑面前或者手机上停留的时间越来越多了？自己的很多社交是不是从之前的面对面社交开始变成了线上社交了？或者除了出差是不是感觉很久没有到一些有山

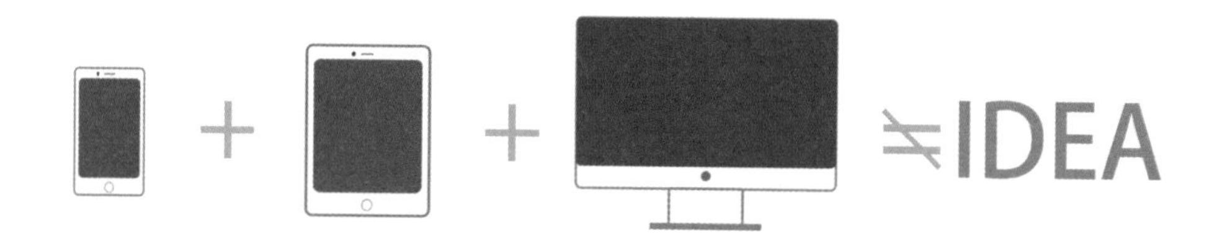

有水的地方，亲近一下大自然了？

在设计工作当中，很多设计师抱怨自己老是没有灵感和思路，殊不知，单纯地从网络上获取一些社会和市场的信息是远远不够的，这些信息往往在设计过程当中很容易封闭我们的思路，同时也会干扰和影响我们对产品市场及设计思路的合理性判断。

同时，作者也观察到一个很无奈的现状，由于我们处于一个互联网爆炸时代，所有的产品都要保证能及时上线，并且尽快占领市场，因此，很多设计都渐渐变成了快消品，同时很多设计都需要在很短的时间及很强的工作压力下进行和完成，对于设计师来说这其实并不是好事情，因为这样的结果往往会无法保证产品的设计质量，以及无法及时准确地判定出用户对于产品的真实需求。

作为设计师，面临这样的情况我们应该多利用平时的精力和时间多去观察生活、体验生活，多接触一些平时在工作中所没法遇见的东西。多培养自己的一些不同的兴趣，拓宽自己的人生，让自己成为一个有趣的，并且有故事的设计师。这样，才能保证自己在设计的同时把这些有趣的东西和故事带入到设计当中来。

作者认为自己是一个喜欢旅游并且喜欢自我发现的人。作者之前在南京读大学的时候，闲暇之余，总喜欢搭上一辆从来没有坐过的公交车，然后到一个完全没有见过的地方下车，然后到处走走看看，就这样，久而久之，作者把南京的公交几乎坐过了一大半。很多人可能觉得作者很无聊，其实这就是作者最简单的旅游方式，到一个自己完全陌生的地方，不用在意这个地方是远是近，然后慢慢地去走走看看，用画笔或者相机记录下每一个地方的样子和细节。

大学时学校也会经常组织去郊外写生，或者到其他地方去旅行等。在最开始作者并不太明白为什么要经常出去写生或者到处游走，总认为现在网络这么发达，其实可以随便在网络上搜集素材就可以做参考了。而后来作者才发现，当我们真正需要创作和需要灵感的时候，网站上的那些素材是有多么得苍白和无力，那时候真正成为了无用的东西。优秀的设计一定不是来自于那些所谓的网络的素材和样例，而是来自于设计师对生活的体验和对别人生活的了解，这些有灵魂且真实性内容的东西才是创造出好的设计灵感的最核心的要素。

因此，无论是在学习之余还是在工作之余，作者都建议大家多出去走一走，看一看，拓宽自己的生活圈子，见见自己过去没有见过的东西，尝试和陌生人聊聊天。这样，你会渐渐发现自己不论是在生活或是设计工作中都会有一些很微妙的变化，思考也更加多元化，设计手法也变得更加巧妙和合理。

为了有效利用好自己的工作和生活时间，在网络中目前也有很多设计师交流平台，我们在这些网站上，通过论坛或者每个用户的备注信息等可以接触到很多优秀的设计师，在与他们的交流和沟通过程中我们可以将之前完全陌生或者一知半解的东西了解得一清二楚，同时可能还会得到一些新的启发和设计想法。

另外，作者之前也讲过，作为设计师除了要会设计之外，同时还需要培养和具备一个很重要的能力，那就是表达。之前作者也给大家讲过表达的一些方式方法，学会表达和说故事的设计师往往都明白，故事来自于生活，很多生活的场景或是使用产品的场景其实就是能够打动人的最好故事，而设计师在设计工作沟通和交流时要做到的就是使用这些不同的故事来说服别人，并且能够将设计与故事融会贯通。例如，一个用户要如何使用产品，并且会如何评价一个产品等，这些故事可能来自于我们或者别人的一些生活片段，而正是这些片段，才组成了一个整体的产品，所以，故事的说服力也很容易体现出来。

最后，在工作和学习之余，作者还希望大家能够在平时多培养和展开一些关于个人的体育运动的兴趣和爱好。因为无论对于哪个行业的人来说，身体健康是非常重要的。尤其是对于常年坐在电脑面前的设计师来说，保持锻炼和健康就更不必说了。有了健康的体魄，我们每天才能有一个好的精神和状态进行学习和工作，才有一个愉悦的心情去完成更好的设计。

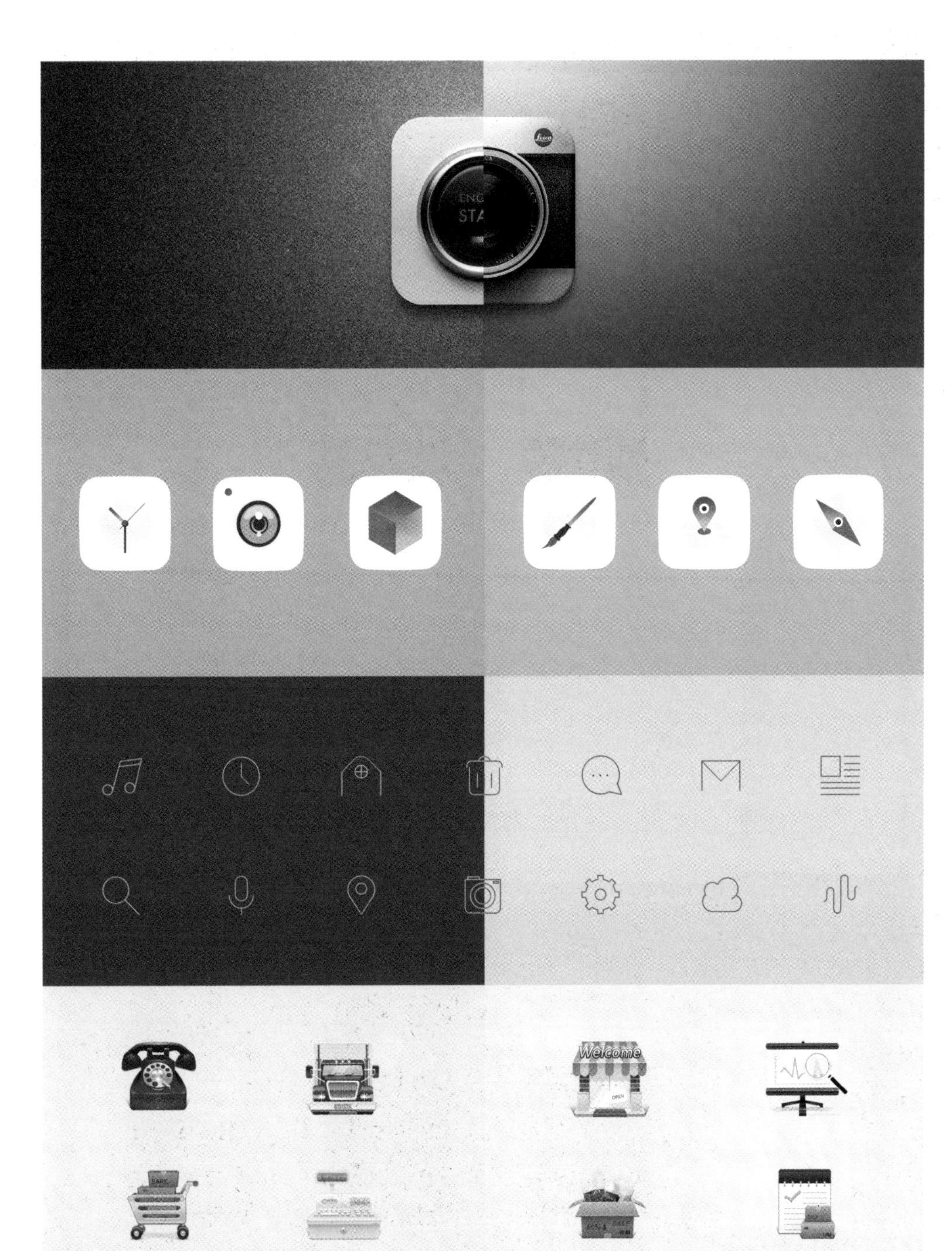
Welcome

Honeywell
Beijing
Good
93
PM2.5
10℃
72°F
72°
热门搜索
添加卡片
YOUKU 优酷

申请贷款
绑定银行卡
立即绑定

设置手势密码

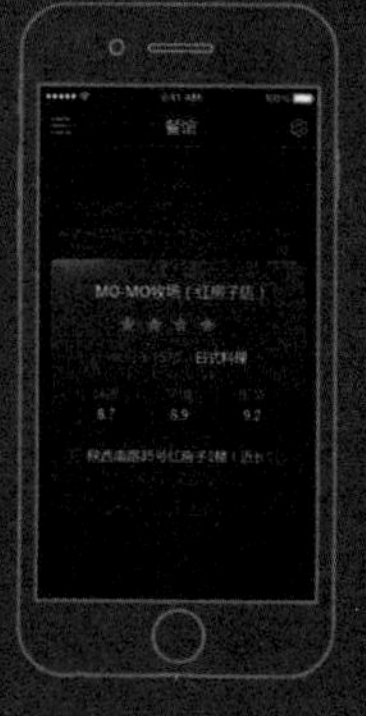